統計学の|要|点|

基礎からRの活用まで

森本 義廣・黒瀬 能聿・加島 智子
著

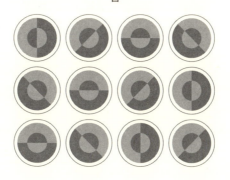

共立出版

まえがき

　情報化社会において，ビッグデータを如何に上手に活用するか，活用能力によって未来が左右される．このような時代の学生にとって，確率・統計は最も重要な教科の1つである．

　確率・統計の教科書には表計算ソフト Excel が使われている本が多く，統計処理ソフト R が使用されている本はまだ少ない．Excel は使いやすいソフトであるが柔軟性に乏しい．一方，R は簡単なプログラミングにより，Excel に比べて高度で，かつ，幅広い処理が可能なソフトである．

　R はビッグデータの処理にも適しており，情報化社会ではデータ処理の必要性は理系，医療系，経済・経営系…など全分野の学生に課せられている．

　我々は，これまでの"確率・統計"の教科書に"統計処理ソフト R"を加え，「R の基本的な使い方から R による統計計算まで」を丁寧に解説した教科書を執筆したいと考えていた．学生は，これによって「確率・統計の基礎を理解した上で，複雑な計算は R で行えるようにしてほしい」との思いが強い．講義で計算方法を学んでも多量データについて筆記で計算することは不可能に近い．多量のデータの処理は R で行い，得られた結果から必要な情報を抜き出す力を養ってほしいと考えている．

　この教科書は，筆者らの長年の授業経験をもとに，大学生や高専生を対象に2単位の講義に対応して編集しているが自習書としても学習できるように，入門書レベルでわかりやすく書かれている．

「確率・統計」の教科書の目指すところは,「母集団から抽出された標本をもとに,母数(母平均,母分散,…)の推定・検定ができるようにすることにある」といっても過言ではない.この目的のために,各章は次のような項目を取り上げ,わかりやすく書いている.

第1章　確率
1.1　確率の基本的な性質
1.2　統計資料
1.3　確率変数と分布
　「確率」は「統計」を理解するための前準備の勉強と思ってもよい.「確率」の勉強ではシグマ $\sum$ や積分記号 $\int$ がよく使われるが,数学が苦手な読者もいると思われるので,できるだけ高校の数学で理解できるように心がけた.

第2章　統計
　主な項目は以下である.
2.5　標本抽出
2.6　各種分布と統計量
2.7　区間推定
2.8　仮説検定
　これらの項目は統計学の中枢となる.第2章の半分以上のページを使い,標本の抽出,標本からの各種統計量の定義,統計量と各種確率密度関数(各種分布関数)との関係,各種分布関数と統計量を使った区間推定と仮説検定の数式理論,さらには,これらを確実に理解するために区間推定と仮説検定の計算例を具体的に示して丁寧に説明している.満足していただけるものと信じている.

第3章　統計ソフトRによる統計計算
3.1　Rの基本的な使い方
3.2　Rによる基本的な統計計算

3.3　R による各種実習

　本章では，R について基本的な解説しか行っていない．R をすべて紹介するにはそれだけで数百ページを必要とする．本書で基本的な使い方を理解されたら，R に関する多くの書物や，インターネット上に多くの情報が公開されているので，それらを参考にしてより高度な利用方法を追求してほしい．

　なお，R のインストールについては，共立出版のホームページ

http://www.kyoritsu-pub.co.jp/bookdetail/9784320113220

に公開しているので，参考にしてほしい．

　また，理解を深めるために，各章には【例】と【問】をできるだけ多く取り入れ，丁寧に解答している．章末には，その章の理解度をチェックするために，本文中の【例】と【問】をまとめて再掲している．

　さらに，この教科書は企業などで R を使ったデータ処理に携わる初心者向けの参考書にもなるように編集している．

　本書は，できるだけ少ない紙面で入門的な範囲を理解できるように編集しているために，数学的に厳密さを欠いた箇所も多々あると思われるがお許し願いたい．

　本書が確率・統計，および，統計ソフト R の入門書として広く使用され，さらに専門に進むための糸口になることを望むものである．

　最後に，本書の出版にあたり，共立出版株式会社教科書課　清水隆氏，編集課　菅沼正裕氏に終始多大なご協力を賜り深く感謝申し上げたい．

2017 年 9 月

著者一同

目　　次

第1章

確　　率

1.1　確率の基本的な性質

1.1.1　事象の排反と独立

　均質につくられた硬貨を無作為に投げたとき，表と裏は偏りなく等しい割合で出ると考えられる．また，同様に，均質につくられたサイコロを無作為に投げたとき，1,2,3,4,5,6 の目も偏りなく等しい割合で出ると考えてよい．このことから，1 回の**試行 (trial)**（ある条件のもとで実験を行うことを試行という）で硬貨の表が出る場合と裏が出る場合やサイコロの 1,2,3,4,5,6 のうちどれか 1 つの目が出る場合は**同様に確からしい (equally probable or likely)** という．

　硬貨の表が出る場合を事象 A とするとき，事象 A が起こらない（硬貨の裏が出る）事象を事象 A の**余事象 (complementary event)** といい，$\bar{A}$ で表す．事象 $\bar{A}$ が起こるということは硬貨の裏が出ることである．また，サイコロの 1 の目が出ることを事象 A とするとき，事象 $\bar{A}$ が起こるということは 2,3,4,5,6 の目のうちのどれか 1 つの目が出ることである．起こりうるすべての事象を**全事象 (event)** といい，何も起こらない事象を**空事象 (empty event)** という．

　いくつかの事象があって，2 つ以上の事象が同時に起こらないとき，これらの事象は互いに**排反 (exclusive)** であるという．たとえば，事象 A，事象 B の 2 つの事象があって，事象 A が起こるときは，事象 B は起こら

ない．その逆で，事象 B が起こるときは，事象 A は起こらない．このとき，事象 A と事象 B は排反である．2 個のサイコロ A と B を同時に投げたとき，サイコロ A に 1 の目が出ることを事象 A，サイコロ B に 1 の目が出ることを事象 B とするとき，事象 A が起こることは，事象 B の起こること，起こらないことに影響されない．その逆で，事象 B が起こることは，事象 A の起こること，起こらないことに影響されない．このような事象 A と事象 B は**独立 (independent)** であるという．

全事象が起こる場合の数が n 通りあり，すべての場合が同様に確からしいとする．この n 通りの場合のうち，ある事象 A の起こる場合の数が a 通りあるとき，a/n を事象 A の起こる確率といい，$P(A)$ または $\mathrm{Pr}(A)$ で表す．$P(A)$ は次の値をとる．

$$0 \leq P(A) = \frac{a}{n} \leq 1$$

全事象を Ω，空事象を $\emptyset$ とするとき，

$$P(\Omega) = \frac{n}{n} = 1, \quad P(\emptyset) = \frac{0}{n} = 0$$

となる．たとえば，硬貨とサイコロの例では，次のようになる．
・硬貨の事象 A が起こる（硬貨の表が出る）確率

$$P(A) = \frac{1}{2}$$

・事象 A が起こらない（硬貨の裏が出る）確率

$$P(\bar{A}) = 1 - P(A) = 1 - \frac{1}{2} = \frac{1}{2}$$

・サイコロの事象 A が起こる（サイコロの 1 の目が出る）確率

$$P(A) = \frac{1}{6}$$

・サイコロの事象 A が起こらない（サイコロの 1 以外の目が出る）確率

$$P(\bar{A}) = 1 - P(A) = 1 - \frac{1}{6} = \frac{5}{6}$$

1.1.2 基本定理

●事象 A と事象 B に関する定義

(1) 事象 A と事象 B の少なくともいずれか一方の事象が起こるという事象を事象 A と事象 B の**和事象 (union of events)** といい，$A \cup B$ で表す．特に事象 A と事象 B が排反であるときのみ $A \cup B$ を $A + B$ と書くことにする．

(2) 事象 A と事象 B がともに起こるという事象を事象 A と事象 B の**積事象 (intersection of events)** といい，$A \cap B$ で表す．したがって，事象 A と事象 B が排反であるとき，$A \cap B = \emptyset$ となり，事象 A とその余事象 $\bar{A}$ に対しても $A \cap \bar{A} = \emptyset$ となる．

(3) 事象 A が起これば，必ず事象 B が起こるとき，事象 A は事象 B の**部分集合 (subset)** であるといい，$A \subset B$ （または，$B \supset A$）で表す．

(4) $A \subset B$ のとき，事象 B が起こり，かつ，事象 A が起こらない事象を $B - A$ で表す．事象 A の余事象 $\bar{A}$ は $\bar{A} = \Omega - A$ と表せる．

●事象 A と事象 B の確率に対しての基本的な性質

(1) 全事象に対して，$P(\Omega) = 1$，空事象に対して，$P(\emptyset) = 0$

(2) 余事象に対して，$P(\bar{A}) = P(\Omega) - P(A)$

(3) 部分集合 ($A \subset B$) に対して，$P(A) \leq P(B)$

(4) 排反な事象 ($A \cap B = \emptyset$) の和事象に対して，

$$P(A \cup B) = P(A + B) = P(A) + P(B)$$

(5) 排反でない事象の和事象に対して，

$$P(A \cup B) = P(A) + P(B) - P(A \cap B)$$

となる．つまり，$P(A) + P(B)$ の中には $P(A \cap B)$ が余分にあるのでこれを取り除かなければならない．

(6) 積事象に対して，$P(A \cap B) = P(A) \cdot P(B)$ が成り立つとき，A と B は互いに独立である．

(7) A が起こるという条件のもとでの B が起こる確率 $P(B|A)$ は

$$P(B|A) = \frac{P(A \cap B)}{P(A)}$$

となる．つまり，$P(A \cap B)$ は，A が起こることを全事象とする事象の中で起こる事象であるから，全事象（A が起こる事象）の確率を 1 にするために $P(A)$ で割らなくてはならない．

$P(B|A)$ を**条件付き確率 (conditional probability)** といい，事象 A と事象 B が独立であるならば，$P(B|A) = P(B), P(A|B) = P(A)$ となる．

(8) 独立でない事象の積事象に対して，事象 A と事象 B がともに起こる確率は

$$P(A \cap B) = P(A) \cdot P(B|A) = P(B) \cdot P(A|B)$$

となる．事象 A と事象 B が独立であるならば，$P(B|A) = P(B)$, $P(A|B) = P(A)$ となるので，$P(A \cap B) = P(A) \cdot P(B|A) = P(A) \cdot P(B)$ となり，(6) が成り立つ．

補足：互いに排反な N 個の事象 $B_1, \cdots, B_i, \cdots, B_N$ のそれぞれの起こる確率を $P(B_i)$，B_i が起こったときの A の条件付き確率を $P(A|B_i)$ とするとき，A が起こったときの B_i の条件付き確率 $P(B_i|A)$ を求める．

(7) より，

$$P(B_i|A) = \frac{P(A \cap B_i)}{P(A)}$$
$$P(A|B_i) = \frac{P(B_i \cap A)}{P(B_i)}$$
$$P(B_i \cap A) = P(B_i)P(A|B_i)$$

$B_i \cap A \ (i = 1, 2, 3, \cdots, N)$ は排反であるので，$P(A)$ は，(4) より，

$$P(A) = P(B_1)P(A|B_1) + \cdots + P(B_i)P(A|B_i) + \cdots + P(B_N)P(A|B_N)$$

と表せる．これらの関係式から，$P(B_i|A)$ は

$$P(B_i|A) = \frac{P(A \cap B_i)}{P(A)} = \frac{P(B_i \cap A)}{P(A)} = \frac{P(B_i)P(A|B_i)}{P(A)}$$
$$= \frac{P(B_i)P(A|B_i)}{P(B_1)P(A|B_1) + \cdots + P(B_i)P(A|B_i) + \cdots + P(B_N)P(A|B_N)}$$

と表せる．これを**ベイズの定理** (theorem of Bayes) といい，$P(B_i)$ を**事前確率**（A が起こる前の B_i が起こる確率），$P(B_i|A)$ を**事後確率**（A が起こった後で，B_i が起こる確率）という．

【例 1.1】　表 1.1 は，1 個のサイコロを 2 回投げ，1 回目に出た目の数を x，2 回目に出た目の数を y とするときの 2 つの目の差の絶対値 $|x-y|$ の値を示している．

表 1.1　サイコロの目の差の絶対値

x ＼ y	1	2	3	4	5	6
1	0	1	2	3	4	5
2	1	0	1	2	3	4
3	2	1	0	1	2	3
4	3	2	1	0	1	2
5	4	3	2	1	0	1
6	5	4	3	2	1	0

$|x-y| \leq 3$ になる事象を A

$|x-y| \geq 2$ になる事象を B

とするとき，次の事象が起こる確率を求めよ．

(1)　$P(A)$　　　(2)　$P(B)$　　　(3)　$P(A \cap B)$　　　(4)　$P(A \cup B)$

[解]

(1)　表の中で $|x-y| \leq 3$ になる場合の数は 30，全事象では 36，したがって，求める確率は次のようになる．

$$P(A) = \frac{30}{36} = \frac{15}{18}$$

(2)　表の中で $|x-y| \geq 2$ になる場合の数は 20，全事象では 36，したがって，求める確率は次のようになる．

$$P(B) = \frac{20}{36} = \frac{10}{18} = \frac{5}{9}$$

(3)　$P(A \cap B)$ は $2 \leq |x-y| \leq 3$ であるから，その場合の数は 14，したがって，

$$P(A \cap B) = \frac{14}{36} = \frac{7}{18}$$

となる．この計算を先に述べた，「独立でない事象の積事象に対して，事象 A と事象 B がともに起こる確率は

$$P(A \cap B) = P(A) \cdot P(B|A) = P(B) \cdot P(A|B)$$

である」を使って求めると，$P(B|A)$ の値は A の場合の数が 30 で，この中で B が起こる場合の数は 14 であることから，

$$P(B|A) = \frac{14}{30}$$

となり，

$$P(A \cap B) = P(A) \cdot P(B|A) = \frac{30}{36} \cdot \frac{14}{30} = \frac{14}{36} = \frac{7}{18}$$

となって，同じ結果が得られる．また，

$$P(A \cap B) = P(B) \cdot P(A|B) = \frac{20}{36} \cdot \frac{14}{20} = \frac{14}{36} = \frac{7}{18}$$

についても同様である．

(4) この事象の場合の数は全事象の場合の数 36 に等しいので

$$P(A \cup B) = 1$$

となるが，先に述べた排反でない事象の和事象に対しての性質

$$P(A \cup B) = P(A) + P(B) - P(A \cap B)$$

から求めると，次のようになる．

$$P(A \cup B) = P(A) + P(B) - P(A \cap B) = \frac{30}{36} + \frac{20}{36} - \frac{14}{36} = 1 \quad \Box$$

【問 1.1】   例 1.1 はサイコロの 2 つの目の差の絶対値 $|x - y|$ の値を例にして，確率の性質を確認したが，他の関係式の表を作成して確率の性質を確認せよ．

1.1.3 順列と組合せ

異なるいくつかのものの集合から，何個か取り出して，これらを一列に並べたものを**順列 (permutation)** といい，異なる n 個のものの中から r 個を取り出して並べた順列の数を $_n\mathrm{P}_r$ で表す．異なる n 個のものの中から r 個を取り出して並べる順列の数 $_n\mathrm{P}_r$ は次のようにして求められる．

1 番目に 1 個を取り出す場合の数は n 通りある．1 番目のそれぞれの 1 通りに対して 2 番目に取り出す場合の数は $(n-1)$ 通りあるので，$r=2$ のときは ${}_nP_2 = n(n-1)$ となる．$r=3$ のときは ${}_nP_2$ のそれぞれの 1 通りに対して 3 番目に取り出す場合の数は $(n-2)$ 通りある．したがって，${}_nP_3 = n(n-1)(n-2)$ となる．以下同様に，r 番目まで取り出して並べる順列の数は次式で与えられる．

$$ {}_nP_r = n(n-1)(n-2)\cdots(n-r+1) = \frac{n!}{(n-r)!} $$

ただし，$n! = n(n-1)(n-2)\cdots3\cdot2\cdot1$ であり，$n!$ を n の**階乗 (factorial)** といい，$0! = 1$ とする．

次に，異なる n 個のものの中から r 個を取り出し，取り出した r 個を 1 組と数えたとき，すべて合わせると何組取り出せることになるか考える．

N 組取り出されたとし，その 1 組に対して $r!$ 個の並べ方があるので，$N \cdot r!$ は異なる n 個のものの中から r 個を取り出して並べる順列 ${}_nP_r$ に等しい．取り出された N 組を ${}_nC_r$ で表すと，

$$ {}_nC_r = \frac{{}_nP_r}{r!} = \frac{n!}{(n-r)!r!} \quad (\text{ただし，} {}_nC_0 = 1 \text{ とする}) $$

となる．この取り出し方を異なる n 個のものの中から r 個を取り出す**組合せ (combination)** といい，次の関係が成り立つ．

$$ {}_nC_r = {}_nC_{n-r} $$

【問 1.2】 6 個の白球と 4 個の赤球がある．合計 10 個の球を一列に並べる順列は何通りあるか．

[略解] $n = 10$ 個の球のうち，$r = 6$ 個が同じ白球で，残りの $(n-r) = 4$ 個が同じ赤球であるから，n 個を一列に並べる順列の数を N とすれば，N 個の順列の各々で，r 個の並べ方は，r 個がすべて異なるものとすると，$r!$ 通りあり，また，$(n-r)$ 個の並べ方は，$(n-r)$ 個がすべて異なるものとすると，$(n-r)!$ 通りあるために，$N \cdot r!(n-r)!$ は $n!$ に等しい．したがって，次の組合せと同じ公式が得られる．

$$ N = \frac{n!}{r!(n-r)!} $$

これより，

$$N = \frac{n!}{r!(n-r)!} = \frac{10!}{6! \cdot 4!} = \frac{10 \cdot 9 \cdot 8 \cdot 7}{4 \cdot 3 \cdot 2 \cdot 1} = 210$$

と計算できるので，$N = 210$ 通りとなる． □

【例 1.2】 識別可能な 9 個の球と 1 個の赤球がある．合計 10 個の球から 3 個の球を取り出す組合せを次の 2 つの方法で求めよ．

(1) $n = 10$ 個から $r = 3$ 個を取り出す組合せ $_nC_r$ を使う．

(2) 赤球 1 個を含む組合せと赤球を含まない組合せに分けて取り出し，2 個の組合せの和を求める．$_nC_r = {_{n-1}}C_{r-1} + {_{n-1}}C_r$ $(1 \leq r \leq n-1)$ が成り立つことを確認せよ．

［解］

(1) $n = 10, r = 3$ より，

$$_nC_r = \frac{_nP_r}{r!} = \frac{n!}{(n-r)!r!} = \frac{10!}{(10-3)! \cdot 3!} = \frac{10!}{7! \cdot 3!} = \frac{10 \cdot 9 \cdot 8}{3 \cdot 2 \cdot 1}$$
$$= 120$$

と計算できるので，組合せは 120 通りとなる．

(2) 赤球 1 個を含む組合せは，

$$_{n-1}C_{r-1} = \frac{(n-1)!}{(n-r)!(r-1)!} = \frac{9!}{7! \cdot 2!} = \frac{9 \cdot 8}{2} = 36$$

赤球 1 個を含まない組合せは，

$$_{n-1}C_r = \frac{(n-1)!}{(n-r-1)!r!} = \frac{9!}{6! \cdot 3!} = \frac{9 \cdot 8 \cdot 7}{3 \cdot 2 \cdot 1} = 84$$
$$_{n-1}C_{r-1} + {_{n-1}}C_r = 36 + 84 = 120$$

となり，組合せは 120 通りとなる． □

1.1.4 独立試行

これまでに述べてきた同じ硬貨や同じサイコロを繰り返し投げるときや，袋の中にある球を復元抽出するときなど，個々の試行の結果と他の試行の結果が独立している試行を**独立試行 (independent trials)** という．

　1回の試行で事象 A が起こる確率が p であるとき，n 回の独立試行で事象 A が r 回起こる確率は次のようにして求められる.

　n 回の独立試行で事象 A が r 回起こる組合せ数は $_n\mathrm{C}_r$ であり，その中のすべての組合せで事象 A が r 回起き，事象 $\bar{A}$ が $(n-r)$ 回起こる. 1つの組合せが起こる確率は $p^r(1-p)^{n-r}$ であるからすべての組合せの確率はこの $_n\mathrm{C}_r$ 倍である. したがって，次の式が得られる.

$$_n\mathrm{C}_r p^r(1-p)^{n-r} = \frac{n!}{(n-r)!r!}p^r(1-p)^{n-r}$$

【例 1.3】　ある部品の箱の中から任意に1個の部品を抜き取ったとき，不良品の割合が平均して2%であった. 5個の部品を抜き取ったときに2個の不良品が含まれる確率を求めよ.

［解］　$n-5, r-2, p-0.02$ として，

$$_n\mathrm{C}_r p^r(1-p)^{n-r} = \frac{n!}{(n-r)!r!}p^r(1-p)^{n-r} = \frac{5!}{3!2!}0.02^2 \cdot 0.98^3 = 0.0038$$

□

【問 1.3】　例 1.3 において，不良品が1個以上含まれる確率を求めよ.

［略解］　「不良品が1個以上含まれる確率 = 1 - 不良品が含まれない（すべて良品の）確率」に置きかえて考える.

$$1 - \frac{5!}{(5-0)!0!}p^0(1-p)^5 = 1 - (1-p)^5$$
$$= 1 - 0.98^5 \cong 0.096$$

□

1.2　統計資料

1.2.1　度数分布

　表 1.2 はある学校の 100 人の試験の成績で，表 1.3 はある集団 15 人の身長と体重を測定した資料である. このような資料をそのクラスの「試験の成績」やその集団の「身長と体重」に関する**統計資料 (statistical data)** という. このとき，統計学では「試験の成績」や「身長と体重」のように個々の特性を表す数量を**変量 (variate)** という. 変量には，身長や体重の

表 1.2　試験の成績

67	29	63	64	84	51	91	57	59	80
48	68	78	59	76	58	82	89	78	48
83	77	89	79	69	80	48	55	57	76
55	83	57	63	48	59	48	69	68	81
68	61	36	48	69	70	58	46	66	61
83	58	36	69	72	75	65	58	79	72
59	68	77	46	61	65	56	58	48	69
49	73	99	33	52	88	47	90	39	50
65	60	57	84	36	99	59	57	66	69
39	55	78	76	42	49	62	68	79	88

表 1.3　身長 (cm) と体重 (kg)

	1	2	3	4	5	6	7	8	9	10	11	12	13	14	15
身長	162	159	175	182	173	180	171	167	158	166	159	170	184	159	166
体重	54	62	65	78	65	72	62	59	55	70	68	68	75	67	69

ように連続的に計量される**連続変量 (continuous variate)** と試験の点
数や物の個数のようにとびとびの値になる**離散変量 (discrete variate)**
がある．

　統計資料はある目的（何かを調べる）のために，調査や測定して得られ
たものである．その目的のために統計学では変量の範囲をいくつかの**階級
(class)** に分け，各階級に属する変量の**度数 (frequency)** を調べること
から始める．各階級の中央の値をその階級の**階級値 (class value)** または
級中値といい，その階級に入る変量の代表値とする．各階級に入る変量の
度数の系列を**度数分布 (frequency distribution)** といい，これを表に
したものを**度数分布表 (table of frequency distribution)** という．ま
た，各階級を小さい順に並べたとき，その階級とそれより前のすべての階
級の度数の和を**累積度数 (cumulative frequency)** という．表 1.4 は表
1.2 に対する度数分布表である．

　統計資料から得られた度数分布を視覚的にとらえるために種々の図（**度
数分布図 (diagram of frequency distribution)** という）がつくられ
る．代表的な度数分布図に**度数折れ線 (frequency polygon)** や**ヒスト
グラム (histogram)** がある．図 1.1 は表 1.4 の度数折れ線であり，図 1.2

表 1.4 度数分布表

階級番号	階級	階級値	度数	累積度数
1	10〜19	14.5	0	0
2	20〜29	24.5	1	1
3	30〜39	34.5	6	7
4	40〜49	44.5	13	20
5	50〜59	54.5	22	42
6	60〜69	64.5	25	67
7	70〜79	74.5	16	83
8	80〜89	84.5	13	96
9	90〜99	94.5	4	100

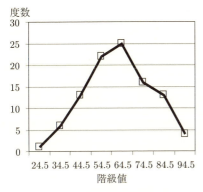

図 1.1 表 1.4 の度数折れ線

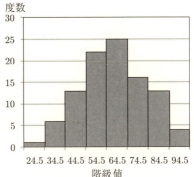

図 1.2 表 1.4 のヒストグラム

は表 1.4 のヒストグラムである．連続変量では，変量の個数が多いとき，階級の幅（**級間隔 (class width)** という）を小さくしていくと，度数折れ線はなめらかな曲線（**度数曲線 (frequency curve)** という）に近づく．

1.2.2 代表値

階級値はその階級に入る変量を代表する値であるが，資料全体の変量を代表する値（**代表値 (representative value)** という）として最もよく用いられるのは平均である．**平均 (mean)** は変量の総和を変量の総数で割ったものである．

N 個の変量 X を m 個の階級に分け，それぞれの階級値が $x_1, x_2, \cdots, x_m$ で，それぞれの階級の度数が $f_1, f_2, \cdots, f_m$ であるとき，平均 $\bar{x}$ を次式で

表す.

$$\bar{x} = \frac{f_1 x_1 + f_2 x_2 + \cdots + f_m x_m}{N} = \frac{1}{N}\sum_{i=1}^{m} f_i x_i \quad \left(\sum_{i=1}^{m} f_i = N\right)$$

資料が階級分けされていないときの N 個の変量 $x_1, x_2, \cdots, x_N$ の平均 $\bar{x}$ は

$$\bar{x} = \frac{1}{N}\sum_{i=1}^{N} x_i$$

である.

【計算例 1.1】　表 1.2 のクラス 100 人の試験の成績の平均は, 度数分布表 1.4 から計算すると,

$$\bar{x} = \frac{f_1 x_1 + f_2 x_2 + \cdots + f_9 x_9}{N} = \frac{1}{100}\sum_{i=1}^{9} f_i x_i$$

$$= \frac{1}{100}(1 \times 24.5 + 6 \times 34.5 + \cdots + 4 \times 94.5) = 62.90$$

となる. 階級分けされていない表 1.2 から計算すると,

$$\bar{x} = \frac{1}{100}\sum_{i=1}^{100} x_i = \frac{1}{100}(67 + 29 + \cdots + 79 + 88) = 64.38$$

となる. この例のように, 階級分けすると実際の値と比べて多少の誤差が生じる.

そのほかに, **幾何平均 (geometric mean)**, **中央値 (median)**, **最頻値 (mode)** などが代表値として用いられる.

幾何平均：N 個の変量 $x_1, x_2, \cdots, x_N$ の積の N 乗根で表す. ただし, 変量 $x_1, x_2, \cdots, x_N$ がすべて正のときに限る. 幾何平均 G は

$$G = \sqrt[N]{x_1 x_2 \cdots x_N}$$

で表す. 平均 $\bar{x}$ と幾何平均 G の間には次の関係がある.

$$\bar{x} = \frac{1}{N}\sum_{i=1}^{N} x_i \geq G = \sqrt[N]{x_1 x_2 \cdots x_N}$$

中央値：N 個の変量 $x_1, x_2, \cdots, x_N$ を大きさの順に並べたとき，中央にくる変量の値（ただし，N が偶数のときには，中央の変量 2 つの値の平均）．

最頻値：階級値 $x_1, x_2, \cdots, x_m$ の中で度数が最も大きい変量の値．流行値ともいわれる．

1.2.3 偏差

ある基準値 $\tilde{x}$ と変量 $x_1, x_2, \cdots, x_m$ の差 $(x_i - \tilde{x})$ $(i = 1, 2, \cdots, m)$ を変量 x_i の $\tilde{x}$ からの**偏差 (deviation)** という．この基準値 $\tilde{x}$ には，一般に，X の平均 $\bar{x}$ か，あるいは，平均 $\bar{x}$ に近い値が用いられる．

統計計算をするとき，計算を簡単にするために，変量 $X(x_1, x_2, \cdots, x_m)$ と新たに定めた変量 $Z(z_1, z_2, \cdots, z_m)$ の間に次の関係があるとき，

$$X - aZ + \tilde{x} \quad (a \text{ は定数})$$

この関係式で表される変量 Z を変量 X の代わりに使用することがある．変量 X の平均 $\bar{x}$ とこの新たに定めた変量 Z の平均 $\bar{z}$ の間には，次の関係が成り立つ．

$$\bar{x} = \frac{1}{N} \sum_{i=1}^{m} f_i x_i = \frac{1}{N} \sum_{i=1}^{m} f_i (a z_i + \tilde{x}) = \frac{a}{N} \sum_{i=1}^{m} f_i z_i + \frac{\tilde{x}}{N} \sum_{i=1}^{m} f_i$$
$$= a\bar{z} + \frac{1}{N} N\tilde{x} = a\bar{z} + \tilde{x}$$

この関係式から，基準値を X の平均 $\tilde{x} = \bar{x}$ に選ぶとき，$\bar{z} = 0$ となることがわかる．

定数 a には第 1.2.4 項で説明する標準偏差 σ が，そして，基準値 $\tilde{x}$ には平均 $\bar{x}$ が用いられることが多い．

【計算例 1.2】 表 1.3 の身長の平均は

$$\bar{x} = \frac{1}{N} \sum_{i=1}^{N} x_i = \frac{1}{15} \sum_{i=1}^{15} x_i = \frac{1}{15}(162 + 159 + \cdots + 159 + 166)$$
$$= \frac{2531}{15} \cong 167.9$$

となるが，変量 X を変量 Z に変換して計算してみる．たとえば，$\tilde{x} = 162$,

$a = 1$ とおき，Z の平均 $\bar{z}$ を求める．

$$\bar{z} = \frac{1}{N}\sum_{i=1}^{N} z_i = \frac{1}{N}\sum_{i=1}^{N}\frac{1}{a}(x_i - \tilde{x}) = \frac{1}{15}\sum_{i=1}^{15}\frac{1}{1}(x_i - 162)$$
$$= \frac{1}{15}\cdot\frac{1}{1}((162 - 162) + (159 - 162) + (175 - 162) + \cdots + (166 - 162))$$
$$= \frac{1}{15}(0 - 3 + 13 + \cdots + 4) = \frac{101}{15}$$

ここで，$\bar{x} = a\bar{z} + \tilde{x}$ より，

$$\bar{x} = a\bar{z} + \tilde{x} = 1 \times \frac{101}{15} + 162 \cong 167.9$$

となり同じ結果を得る．$\tilde{x}$ を平均に近いと思われる値に選び，X の $\tilde{x}$ から
の偏差 $(X - \tilde{x})$ が大きいときには a（たとえば，10，100 など）で割って
$(X - \tilde{x})/a$ を小さな値にして，$\sum \cdots$ の計算を簡単にする．この計算方法
は複雑に思えるが，大量の変量を扱うときには効果がある．

1.2.4　分散と標準偏差

　平均 $\bar{x}$ が求められたとしても変量 X が平均のまわりにどのように分布
しているのかが問題である．平均 $\bar{x}$ のまわりでの変量 X の広がり度合
い（**散布度 (measure of dispersion)** という）を表す指標として，**分散
(variance)** σ^2 と**標準偏差 (standard deviation)** σ がよく用いられる．
　分散と標準偏差を次のように定義する．

分散：変量 X の平均 $\bar{x}$ からの偏差の平方の平均で定義する．

$$\sigma^2 = \frac{1}{N}\sum_{i=1}^{m} f_i(x_i - \bar{x})^2 \quad \left(\sum_{i=1}^{m} f_i = N\right)$$

標準偏差：分散の平方根（正の値）で定義する．

$$\sigma = \sqrt{\frac{1}{N}\sum_{i=1}^{m} f_i(x_i - \bar{x})^2}$$

そのほかに，**変異係数 (coefficient of variation)** も用いられる．

変異係数：標準偏差/平均 で定義し，平均のまわりのばらつきを相対的な
量としてみる．

分散の定義式は次のように変形される．

$$\sigma^2 = \frac{1}{N} \sum_{i=1}^{m} f_i (x_i - \bar{x})^2 = \frac{1}{N} \sum_{i=1}^{m} f_i x_i^2 - 2\bar{x} \frac{1}{N} \sum_{i=1}^{m} f_i x_i + \bar{x}^2$$
$$= \frac{1}{N} \sum_{i=1}^{m} f_i x_i^2 - \bar{x}^2$$

さらに，変量 X の値によっては，関係式 $X = aZ + \tilde{x}$ によって，変量
$Z(= (X - \tilde{x})/a)$ に変換すると計算がさらに容易になる．

変量 Z の分散 σ_Z^2 と変量 X の分散 σ_X^2 の間には，次の関係が成り立つ．

$$\sigma_Z^2 = \frac{1}{N} \sum_{i=1}^{m} f_i (z_i - \bar{z})^2 = \frac{1}{N} \sum_{i=1}^{m} f_i \left\{ \left(\frac{x_i - \tilde{x}}{a} \right) - \left(\frac{\bar{x} - \tilde{x}}{a} \right) \right\}^2$$
$$= \frac{1}{a^2 N} \sum_{i=1}^{m} f_i (x_i - \bar{x})^2 = \frac{1}{a^2} \sigma_X^2$$

$$\sigma_Z = \frac{1}{a} \sigma_X$$

この関係から，次のことがわかる．

(1) 変量 Z の分散 σ^2 と標準偏差 σ は基準値 $\tilde{x}$ の選び方に依存しない．

(2) 新たな変量 $Z(= (X - \bar{x})/\sigma_X)$ によって，変量 X を変数変換すると，
$\bar{z} = 0$，$\sigma_Z = 1$ となる．

さらに，分散の定義

$$\sigma^2 = \frac{1}{N} \sum_{i=1}^{m} f_i (x_i - \bar{x})^2$$

から，次の関係が得られる．

変量 X の平均 $\bar{x}$ からの偏差の絶対値が $|x_i - \bar{x}| \geq \varepsilon\sigma$ $(\varepsilon > 0)$ となる

ような x_i の度数 f_i の総和は N/ε^2 より大きくないことが知られている（**チェビシェフの不等式** (Chebyshev's inequality) という）．

$$\sum_{i(|x_i-\bar{x}|\geq\varepsilon\sigma)} f_i \leq \frac{1}{\varepsilon^2}N$$

この関係式から，たとえば，$\varepsilon = 2$ のとき，

$$\sum_{i(|x_i-\bar{x}|\geq 2\sigma)} f_i \leq \frac{1}{2^2}N = 0.25N$$

となり，$|x_i - \bar{x}| \geq 2\sigma$ の範囲にある x_i の度数の総和は変量全体の25%以下であることがわかる．

【計算例 1.3】　表 1.2 の試験の成績の分散と標準偏差を求める．$\tilde{x} = 54.5$，$a = 10$ とおき，変量 X を変量 Z に変換して計算する（表 1.4 の度数分布表の階級番号 1 の度数は 0 であるために階級番号 2 から 9 までの変量について計算する．そのために便宜上，階級番号 2 を $i = 1$ とし，階級番号 9 を $i = 8$ としている）．

$$\sigma_Z^2 = \frac{1}{100}\sum_{i=1}^{8} f_i(z_i - \bar{z})^2 = \frac{1}{100}\sum_{i=1}^{8} f_i z_i^2 - \bar{z}^2$$
$$\sigma_X = 10\sigma_Z$$

表 1.5 より，

$$\bar{z} = \frac{1}{100}\sum_{i=1}^{8} f_i z_i = 0.84$$
$$\sigma_Z^2 = \frac{1}{100}\sum_{i=1}^{8} f_i z_i^2 - \bar{z}^2 = 3.16 - 0.84^2 \cong 2.45$$
$$\sigma_Z \cong 1.57$$
$$\sigma_X^2 = 10^2\sigma_Z^2 \cong 245$$
$$\sigma_X = 10\sigma_Z \cong 15.7$$

この計算例からもわかるように，変量 X を変量 Z に変換すると，変量が多いときの計算に効果があることがわかる．

表 1.5

階級値	度数 f	$Z = (X - 54.5)/10$	$f \cdot Z$	$f \cdot Z^2$
24.5	1	-3	-3	9
34.5	6	-2	-12	24
44.5	13	-1	-13	13
54.5	22	0	0	0
64.5	25	1	25	25
74.5	16	2	32	64
84.5	13	3	39	117
94.5	4	4	16	64
合計	100		84	316
合計／100			0.84	3.16

1.2.5 相関と回帰直線

身長と体重，教科 A の成績と教科 B の成績，所得とある病気の患者数，2 個のサイコロを同時に投げて出る目の数など，対応する 2 変量 $X(x_1, x_2, \cdots, x_N)$, $Y(y_1, y_2, \cdots, y_N)$ 間の**相関 (correlation)**＝類似性（関連の状態と度合い）を数量化する手段として**共分散 (covariance)** や**相関係数 (correlation coefficient)** が用いられ，次のように定義されている．

共分散：変量 X, Y のそれぞれの平均 $\bar{x}, \bar{y}$ からの偏差の積の平均で定義し，σ_{XY} で表す．

$$\sigma_{XY} = \frac{1}{N} \sum_{i=1}^{N} (x_i - \bar{x})(y_i - \bar{y})$$

相関係数：共分散は相関の度合いの大きさが変量の大きさに依存するために，次の式のように標準偏差の積 $\sigma_X \sigma_Y$ で割って相関の度合いを -1 から 1 の範囲に標準化する．これを変量 X, Y の間の**相関係数**といい，r で表す．

$$r = \frac{1}{\sigma_X \sigma_Y} \frac{1}{N} \sum_{i=1}^{N} (x_i - \bar{x})(y_i - \bar{y})$$

上の式から，相関は次の 3 つに分類される．

正の相関 (positive correlation)：変量 x_i, y_i $(i = 1, 2, \cdots, N)$ のそれぞ

れの平均 $\bar{x}, \bar{y}$ からの偏差が，それぞれ，ともに正かともに負になる変量の偏差の積 $((x_i - \bar{x})(y_i - \bar{y}) > 0)$ の総和の方が，一方が正で他方が負になる変量の偏差の積 $((x_i - \bar{x})(y_i - \bar{y}) < 0)$ の総和の絶対値より大きいとき.

このときは $0 < r \leq 1$ となる. r の値が 1 に近いほど相関の度合いが大きい. 変量 (x_i, y_i) を平面上の点で表した図を**相関図 (correlation diagram**，または**散布図 (scatter plot))** という（図 1.3）.

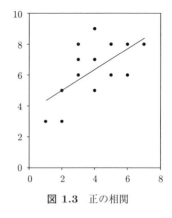

図 1.3 正の相関

負の相関 (negative correlation)：変量 x_i, y_i $(i = 1, 2, \cdots, N)$ のそれぞれの平均 $\bar{x}, \bar{y}$ からの偏差が，それぞれ，一方が正で他方が負になる変量の偏差の積の総和の絶対値の方が，ともに正かともに負になる変量の偏差の積の総和より大きいとき.

このときは $-1 \leq r < 0$ となる. r の値が -1 に近いほど相関の度合いが大きい. 相関図の例を図 1.4 に示す.

無相関 (no correlation)：2 つの変量 x_i, y_i の間の相関が小さいほど，r は 0 に近い値になる. X と Y が独立のときは $r = 0$ となる. 相関図の例を図 1.5 に示す.

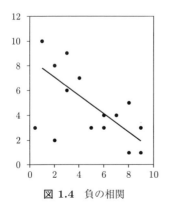

図 1.4 負の相関

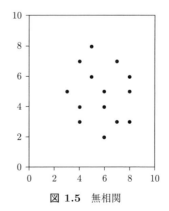

図 1.5 無相関

　共分散と相関係数は第1.2.4項と同様な手順によって，次のように変形される．

$$\sigma_{XY} = \frac{1}{N}\sum_{i=1}^{N}(x_i - \bar{x})(y_i - \bar{y}) = \frac{1}{N}\sum_{i=1}^{N}x_i y_i - \bar{x}\bar{y}$$

$$r = \frac{1}{\sigma_X \sigma_Y}\frac{1}{N}\sum_{i=1}^{N}(x_i - \bar{x})(y_i - \bar{y}) = \frac{1}{\sigma_X \sigma_Y}\left(\frac{1}{N}\sum_{i=1}^{N}x_i y_i - \bar{x}\bar{y}\right)$$

相関係数が $-1 \le r \le 1$ の範囲にあることは次のように証明される．

$$r = \frac{1}{\sigma_X \sigma_Y}\frac{1}{N}\sum_{i=1}^{N}(x_i - \bar{x})(y_i - \bar{y})$$

において，

$$x_i' = \frac{x_i - \bar{x}}{\sigma_X}, \quad y_i' = \frac{y_i - \bar{y}}{\sigma_Y}$$

とおくと，

$$r = \frac{1}{N}\sum_{i=1}^{N}x_i' y_i', \quad \sum_{i=1}^{N}x_i'^2 = \sum_{i=1}^{N}y_i'^2 = N$$

$$0 \le (x_i' \pm y_i')^2 = x_i'^2 \pm 2x_i' y_i' + y_i'^2, \quad |x_i' y_i'| \le \frac{1}{2}(x_i'^2 + y_i'^2)$$

であるから，

$$|r| = \frac{1}{N}\sum_{i=1}^{N}|x_i' y_i'| \le \frac{1}{2N}\sum_{i=1}^{N}(x_i'^2 + y_i'^2) = 1$$

と評価でき，$|r| \le 1$ が得られる．

【問 1.4】　X, Y を，それぞれ，次のように変数変換

$$Z_X = \frac{1}{a_X}(X - \tilde{x}), \quad Z_Y = \frac{1}{a_Y}(Y - \tilde{y})$$

を行うと，X, Y の相関係数と Z_X, Z_Y の相関係数は等しくなることを示せ．

[略解]

$$\bar{x} = a_X \overline{z_X} + \tilde{x}, \quad \bar{y} = a_Y \overline{z_Y} + \tilde{y}$$

$$\sigma_X = a_X \sigma_{Z_X}, \quad \sigma_Y = a_Y \sigma_{Z_Y}$$

の関係があるので,

$$r = \frac{1}{\sigma_X \sigma_Y} \frac{1}{N} \sum_{i=1}^{N} (x_i - \bar{x})(y_i - \bar{y}) = \frac{1}{\sigma_{Z_X} \sigma_{Z_Y}} \frac{1}{N} \sum_{i=1}^{N} (z_{x_i} - \overline{z_X})(z_{y_i} - \overline{z_Y})$$

となる.　　　　　　　　　　　　　　　　　　　　　　　　　□

【計算例 1.4】　表 1.3 の身長と体重の相関係数を求める.

身長 X, 体重 Y を，それぞれ，次のように変数変換する.

$$Z_X = \frac{1}{a_X}(X - \tilde{x}), \quad Z_Y = \frac{1}{a_Y}(Y - \tilde{y})$$

$$U = Z_X^2, \quad V = Z_Y^2$$

ただし，$\tilde{x} = 165$, $\tilde{y} = 65$, $a_X = a_Y = 1$ とおく.

相関係数 r は表 1.6 を参考にして計算する.

$$\overline{z_X} \cong 3.7, \quad \overline{z_Y} \cong 0.9$$

$$\sigma_{Z_X}^2 = \frac{1}{15} \sum_{i=1}^{15} z_{x_i}^2 - (\overline{z_X})^2 \cong 84.8 - 13.7 = 71.1$$

$$\therefore \quad \sigma_{Z_X} \cong 8.4$$

表 1.6

X	Y	Z_X	Z_Y	$Z_X \cdot Z_Y$	U	V
162	54	-3	-11	33	9	121
159	62	-6	-3	18	36	9
175	65	10	0	0	100	0
182	78	17	13	221	289	169
173	65	8	0	0	64	0
180	72	15	7	105	225	49
171	62	6	-3	-18	36	9
167	59	2	-6	-12	4	36
158	55	-7	-10	70	49	100
166	70	1	5	5	1	25
159	68	-6	3	-18	36	9
170	68	5	3	15	25	9
184	75	19	10	190	361	100
159	67	-6	2	-12	36	4
166	69	1	4	4	1	16
合計		56	14	601	1272	656
平均		3.73	0.93	40.07	84.8	43.7

$$\sigma_{Z_Y}^2 = \frac{1}{15} \sum_{i=1}^{15} z_{y_i}^2 - (\overline{z_Y})^2 \cong 43.7 - 0.8 = 42.9$$

$$\therefore \quad \sigma_{Z_Y} \cong 6.5$$

$$r = \frac{1}{\sigma_{Z_X} \sigma_{Z_Y}} \left(\frac{1}{15} \sum_{i=1}^{15} z_{x_i} z_{y_i} - \overline{z_X} \, \overline{z_Y} \right)$$

$$\cong \frac{1}{8.4 \times 6.5}(40.1 - 3.7 \times 0.9) \cong 0.7$$

相関係数が 0.7 であることは，この資料の身長 X と体重 Y は正の相関関係が大きいといえる．相関図を図 1.6 に示す．

2 変量 $X(x_1, x_2, \cdots, x_N)$，$Y(y_1, y_2, \cdots, y_N)$ 間の相関がわかれば X の値から Y の値を，また，Y の値から X の値を推測できる．2 変量の関係を直線で表すとき，この直線を**回帰直線 (regression line)** といい，X の値から Y の値を求める直線を Y の X への回帰直線，Y の値から X の値を求める直線を X の Y への回帰直線という（図 1.3，図 1.4，図 1.6

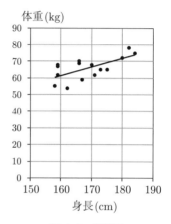

図 1.6 相関図

に Y の X への回帰直線の概略を示す）．一方の変量から他方の変量を推測する場合，たとえば，X の値から Y の値を推測するとき，Y の誤差（回帰直線からの y 軸方向のばらつき）の二乗の総和が最小になるような直線を求める（**最小二乗法 (method of least squares)** という）．最小二乗法によって回帰直線を求めると，次の関係式になることが知られている．

Y の X への回帰直線：$Y - \bar{y} = r \dfrac{\sigma_Y}{\sigma_X}(X - \bar{x})$

X の Y への回帰直線：$X - \bar{x} = r \dfrac{\sigma_X}{\sigma_Y}(Y - \bar{y})$

それぞれの回帰直線はともに点 $(\bar{x}, \bar{y})$ を通ることがわかる．

1.3　確率変数と分布

1.3.1　二項分布とポアソン分布

　硬貨を投げたときに出る表や裏を X で表し，表が出ることを $x_1 = 1$，裏が出ることを $x_2 = 0$ で表すことにすると，X は (x_1, x_2) の中のいずれかの値をとる．また，X が x_1, x_2 のそれぞれの値をとる確率は p_{x_1}, p_{x_2} $(p_{x_1} + p_{x_2} = 1)$ であるとする．同様に，サイコロを投げたときに出る目の数を Y で表し，1 の目が出ることを $y_1 = 1$，2 の目が出ることを $y_2 = 2$，以下同様に，$y_6 = 6$ とすると，Y は $(y_1, y_2, \cdots, y_6)$ の中のいずれかの値をとる．また，Y が $y_1, y_2 \cdots, y_6$ のそれぞれの値をとる確率は $p_{y_1}, p_{y_2}, \cdots, p_{y_6}$ $(p_{y_1} + p_{y_2} + \cdots + p_{y_6} = 1)$ であるとする．このとき，X や Y を**確率変数 (random variable)** という．確率変数 X の値 x_1, x_2 に対して確率 p_{x_1}, p_{x_2} が対応し，確率変数 Y の値 $y_1, y_2, \cdots, y_6$ に対して確率 $p_{y_1}, p_{y_2}, \cdots, p_{y_6}$ が対応する．確率変数の値と確率の組を**確率分布 (probability distribution)** という．(x_1, x_2) と (p_{x_1}, p_{x_2}) の組は確率変数 X の確率分布，$(y_1, y_2, \cdots, y_6)$ と $(p_{y_1}, p_{y_2}, \cdots, p_{y_6})$ の組は確率変数 Y の確率分布である．

　第 1.1.4 項の独立試行で述べたように「1 回の試行で事象 A が起こる確率が p であるとき，n 回の独立試行で A が x 回起こる確率」は

$$P(X = x) = {}_n\mathrm{C}_x p^x (1-p)^{n-x} = \frac{n!}{(n-x)!x!} p^x (1-p)^{n-x}$$

であった．

　回数 X が確率変数で，その確率分布が上の式で与えられるこの分布を**母数 (parameter)** (n, p) に従う**二項分布 (binomial distribution)** という．また，$q = 1 - p$ とおくと，$(p + q)^n$ の二項定理の展開式より，次の関係が成り立つ．

$$\sum_{x=0}^{n} P(X = x) = \sum_{x=0}^{n} {}_n\mathrm{C}_x p^x q^{n-x} = (p+q)^n = 1$$

図 1.7 に，$n = 20, p = 0.1, q = 0.9$ と $n = 20, p = 0.5, q = 0.5$ の二項分布を示す．

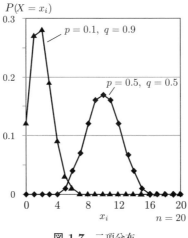

図 1.7 二項分布

【例 1.4】 硬貨を 5 回投げたときに，表が出る回数を確率変数 X とする確率分布を求めよ．

[解] 確率変数 X は母数 $(5, 1/2)$ の二項分布に従う．

$$p = \frac{1}{2}, \quad q = 1 - p = \frac{1}{2}$$

より，表が X 回出る確率 $P(X = x)$ は

$$P(X = x) = {}_n C_x p^x (1 - p)^{n-x} = {}_5 C_x \left(\frac{1}{2}\right)^x \left(\frac{1}{2}\right)^{5-x} = {}_5 C_x \left(\frac{1}{2}\right)^5$$

$$= \frac{5!}{(5 - x)! x!} \left(\frac{1}{2}\right)^5 = \frac{5 \cdot 4 \cdot \cdots \cdot (5 - x + 1)}{1 \cdot 2 \cdot \cdots \cdot x} \left(\frac{1}{2}\right)^5$$

$x = 0$ のとき，$0! = 1, {}_n C_0 = 1$ より，$P(X = 0) = \left(\frac{1}{2}\right)^5 = 0.03125$

$x = 1$ のとき，$P(X = 1) = 5 \left(\frac{1}{2}\right)^5 = 0.15625$

$x = 2$ のとき，$P(X = 2) = \frac{5 \cdot 4}{2} \left(\frac{1}{2}\right)^5 = 0.3125$

$p = q$ より，

$x = 3$ のとき，$P(X = 3) = P(X = 2) = 0.3125$

$$x = 4 \text{ のとき, } P(X = 4) = P(X = 1) = 0.15625$$
$$x = 5 \text{ のとき, } P(X = 5) = P(X = 0) = 0.03125$$

$$\sum_{x=0}^{5} P(X = x) = 1$$

確率分布を表 1.7 に示す.　　　　　　　　　　　　　　　　　　□

表 1.7　硬貨の表が出る回数と確率

x	0	1	2	3	4	5
確率	0.03125	0.15625	0.3125	0.3125	0.15625	0.03125

【問 1.5】　4 個のサイコロを同時に投げて, 1 の目が出る回数を X とするとき, 確率変数 X の確率分布を求めよ.

［略解］　確率変数 X は母数 $(4, 1/6)$ の二項分布に従うので, 確率変数 X の確率分布は

$$P(X = 0) \cong 0.482, \quad P(X = 1) \cong 0.386, \quad P(X = 2) \cong 0.116$$
$$P(X = 3) \cong 0.015, \quad P(X = 4) \cong 0.001$$
$$\sum_{x=0}^{4} P(X = x) = 1$$

確率分布を表 1.8 に示す.　　　　　　　　　　　　　　　　　　□

表 1.8　サイコロの 1 の目が出る回数と確率

x	0	1	2	3	4
確率	0.482	0.386	0.116	0.015	0.001

　二項分布において, $np = \lambda$ を一定にして, n を限りなく大きくしていくと,

$$\lim_{n \to \infty} {}_n\mathrm{C}_x p^x (1 - p)^{n-x} = e^{-\lambda} \frac{\lambda^x}{x!} \quad (np = \lambda)$$

となる. この確率分布を**母数** λ に従う**ポアソン分布 (Poisson distribution)** という. ポアソン分布表を使用するまでもなく, 電卓でも計算が可

能である．n が大きくて p が小さい
ということは，ポアソン分布は多く
の試行のうち稀に起こる（出現する）
事象，たとえば，来客の数，本の誤植
の数，不良品の数，交通事故の件数な
どの確率分布と考えられる．$np = \lambda$
は事象の平均出現回数である．二項
分布においても，n が大きく，p が
小さければポアソン分布に従うと考
えてよい．図 1.8 に $\lambda = 1$ と $\lambda = 3$
の例を示す．

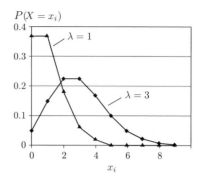

図 1.8　ポアソン分布

【例 1.5】　上に述べた「二項分布において，$np = \lambda$ を一定にして，n を限
りなく大きくしていくと，

$$\lim_{n \to \infty} {}_nC_x p^x (1-p)^{n-x} = e^{-\lambda} \frac{\lambda^x}{x!} \quad (np = \lambda)$$

が得られる」ことを示せ．

[解]　$\displaystyle \lim_{n \to \infty} {}_nC_x p^x (1-p)^{n-x} = \lim_{n \to \infty} \frac{n!}{(n-x)!x!} p^x (1-p)^{n-x}$

$$= \frac{1}{x!} \lim_{n \to \infty} \frac{n!}{(n-x)!} \left(\frac{\lambda}{n}\right)^x \left(1 - \frac{\lambda}{n}\right)^{n-x}$$

$$= \frac{\lambda^x}{x!} \lim_{n \to \infty} \left(1 - \frac{\lambda}{n}\right)^n \left(1 - \frac{\lambda}{n}\right)^{-x} \frac{n!}{(n-x)!n^x}$$

$$= \frac{\lambda^x}{x!} \lim_{n \to \infty} \left(1 - \frac{\lambda}{n}\right)^n = e^{-\lambda} \frac{\lambda^x}{x!} \qquad \Box$$

【問 1.6】　ある部品の箱の中から任意に 1 個の部品を抜き取ったとき，不
良品の割合が平均して 3% であった．100 個の部品を抜き取ったときに，
不良品の数が 3 個以下である確率を求めよ．

[略解]　この確率分布は n が大きくて p が小さいので母数 $\lambda = np$ のポア
ソン分布と考えてよい（例題 1.3 では n が小さかったのでポアソン分布と
して扱えなかった）．$n = 100$，$p = 0.03$，$\lambda = np = 3$ として，求める確率

は次のように計算できる.

$$P(X \leq 3) = P(X = 0) + P(X = 1) + P(X = 2) + P(X = 3)$$
$$= 0.050 + 0.149 + 0.224 + 0.224 = 0.647 \qquad \square$$

1.3.2　離散型確率変数（1変数）の平均，分散，標準偏差

確率変数が離散型変量であるとき**離散型確率変数 (discrete random variable)** といい, その確率分布を**離散型確率分布 (discrete probability distribution)** という. 第 1.2.2 項において, 平均は次のように表された.

$$\bar{x} = \frac{f_1 x_1 + f_2 x_2 + \cdots + f_m x_m}{N} = \frac{1}{N} \sum_{i=1}^{m} f_i x_i \quad \left(\sum_{i=1}^{m} f_i = N \right)$$

$\frac{1}{N} f_i$ は N が十分に大きいとき, x_i が起こる確率 p_i に近づく. したがって, x_i を離散型確率変数と考え, N が十分に大きいとき, $\frac{1}{N} f_i x_i = p_i x_i$ とおき, 上の式を次のように表す.

$$\bar{x} = \lim_{N \to \infty} \frac{1}{N} \sum_{i=1}^{m} f_i x_i = \sum_{i=1}^{\infty} p_i x_i \quad (p_{m+1} = p_{m+2} = \cdots = 0)$$

このことから, 離散型確率変数 X の**平均**（**期待値 (expectation)** ともいう）を次のように定義し, $E[X]$ で表す.

$$E[X] = \sum_{i=1}^{\infty} p_i x_i$$

$$(p_i = P(X = x_i)) \quad (i = 1, 2, \cdots, m), \quad p_{m+1} = p_{m+2} = \cdots = 0)$$

【例 1.6】 サイコロの目の数を確率変数 X とするとき, X の平均を求めよ.
[解] X の値は $x_1 = 1, x_2 = 2, \cdots, x_6 = 6$, 確率 p_i は $p_1 = p_2 = \cdots = p_6 = 1/6$ である.

$$E[X] = \sum_{i=1}^{6} p_i x_i = \frac{1}{6} \sum_{i=1}^{6} x_i = \frac{1}{6}(1 + 2 + \cdots + 6) = \frac{21}{6} = \frac{7}{2} \qquad \square$$

【例 1.7】 サイコロの目の数 X の値に対して, Y が $g(X) = 2X + 3$ の値をとるとき, Y の平均を求めよ.

[解] $y_i = 2x_i + 3$ の値がとる確率は x_i の値がとる確率 p_i と同じである.

$$E[Y] = \sum_{i=1}^{6} p_i(2x_i + 3) = 2\sum_{i=1}^{6} p_i x_i + 3\sum_{i=1}^{6} p_i = 2\sum_{i=1}^{6} p_i x_i + 3$$
$$= 2 \times \frac{7}{2} + 3 = 10 \qquad\qquad \square$$

分散は，第 1.2.4 項より，変量 X の平均 $\bar{x}$ からの偏差の平方の平均で定義されている.

$$\sigma^2 = \frac{1}{N}\sum_{i=1}^{m} f_i(x_i - \bar{x})^2 \quad \left(\sum_{i=1}^{m} f_i = N\right)$$

この式の変形として，

$$\sigma^2 = \frac{1}{N}\sum_{i=1}^{m} f_i x_i^2 - \bar{x}^2$$

で表された.

離散型確率変数の**分散**は，第 1.2.4 項の定義と同様にして，確率変数 X の平均 $E[X]$ からの偏差の平方の平均で定義し，$\sigma^2[X]$，または，$V[X]$，$Var[X]$ などで表す.

$$V[X] = \sum_{i=1}^{\infty} p_i(x_i - E[X])^2$$
$$= E[(X - E[X])^2]$$
$$= E[X^2] - (E[X])^2$$

また，**標準偏差**は分散の平方根（正の値）で定義し，$\sigma[X]$ で表す.

平均と分散，標準偏差には次の性質がある. ただし，以下の a は定数である.

(1) $E[X + a] = E[X] + a$

(2) $E[aX] = aE[X]$

(3) $E[X - E[X]] = 0$

(4)　X の関数 $Y = g(X)$ の平均は，p_i を X のとる確率とすると

$$E[Y] = E[g(X)] = \sum_{i=1}^{m} p_i y_i = \sum_{i=1}^{\infty} p_i g(x_i)$$

(5)　二項分布の平均は $E[X] = np$

(6)　ポアソン分布の平均は $E[X] = \lambda$

(7)　$\sigma[aX] = |a|\sigma[X]$

(8)　$\sigma[X + a] = \sigma[X]$

(9)　$Z = (X - E[X])/\sigma[X]$ によって，変数 X を変数変換すると，$E[Z] = 0, \sigma[Z] = 1$ となる.

(10)　$V[aX] = a^2 V[X]$

(11)　二項分布の分散は $V[X] = np(1 - p)$

(12)　ポアソン分布の分散は $V[X] = \lambda$

(13)　分散の定義

$$V[X] = \sum_{i=1}^{m} \frac{1}{N} f_i (x_i - \bar{x})^2 = E[(X - E[X])^2]$$

から，変数 X の平均 $E[X]$ からの偏差の絶対値 $|X - E[X]|$ が $\varepsilon(\varepsilon > 0)$ より小さくない確率は σ^2/ε^2 より大きくない（**チェビシェフの不等式**という）.

$$P(|X - E[X]| \geq \varepsilon) \leq \frac{\sigma^2}{\varepsilon^2}$$

【**問 1.7**】　二項分布の平均 $E[X] = np$ を導け.

[**略解**]　$\displaystyle E[X] = \sum_{x=0}^{n} x_n C_x p^x q^{n-x} = \sum_{x=0}^{n} x \frac{n!}{(n-x)! x!} p^x q^{n-x}$

$$= \sum_{x=0}^{n} x \frac{n(n-1)\cdots(n-x+1)}{x!} p^x q^{n-x}$$

$$= \sum_{x=1}^{n} np \frac{(n-1)\cdots(n-x+1)}{(x-1)!} p^{x-1} q^{n-x}$$

$$= \sum_{x=0}^{n} np \frac{(n-1)\cdots(n-1-x+1)}{x!} p^x q^{n-1-x}$$

$$= np \sum_{x=0}^{n-1} {}_{n-1}\mathrm{C}_x p^x q^{n-1-x}$$

$$\sum_{x=0}^{n-1} {}_{n-1}\mathrm{C}_x p^x q^{n-1-x} = (p+q)^{n-1} = 1$$

より，

$$E[X] = np \qquad\qquad \square$$

【問 1.8】 ポアソン分布の平均 $E[X] = \lambda$ を導け．

[略解]　$E[X] = \sum_{x=0}^{\infty} x e^{-\lambda} \frac{\lambda^x}{x!} = e^{-\lambda} \sum_{x=0}^{\infty} x \frac{\lambda^x}{x!} = e^{-\lambda} \sum_{x=1}^{\infty} \frac{\lambda \lambda^{x-1}}{(x-1)!}$

$$= \lambda e^{-\lambda} \sum_{x=0}^{\infty} \frac{\lambda^x}{x!}$$

$$\sum_{x=0}^{\infty} \frac{\lambda^x}{x!} = e^{\lambda}$$

より，

$$E[X] = \lambda \qquad\qquad \square$$

【問 1.9】 二項分布の分散 $V[X] = np(1-p) = npq$ を導け．

[略解]　$E[X^2] = E[X^2] - E[X] + E[X] = E[X(X-1)] + E[X]$ とおく．

$$E[X(X-1)] = \sum_{x=0}^{n} x(x-1) {}_{n}\mathrm{C}_x p^x q^{n-x} = \sum_{x=2}^{n} x(x-1) {}_{n}\mathrm{C}_x p^x q^{n-x}$$

$$= \sum_{x=2}^{n} x(x-1) \frac{n(n-1)\cdots(n-x+1)}{x!} p^x q^{n-x}$$

$$= n(n-1)p^2 \sum_{x=2}^{n} \frac{(n-2)\cdots(n-x+1)}{(x-2)!} p^{x-2} q^{n-x}$$

$$= n(n-1)p^2 \sum_{x=0}^{n-2} \frac{(n-2)\cdots(n-2-x+1)}{x!} p^x q^{n-2-x}$$

$$= n(n-1)p^2 \sum_{x=0}^{n-2} {}_{n-2}\mathrm{C}_x p^x q^{n-2-x} = n(n-1)p^2$$

$$E[X] = np$$

であるから，

$$E[X^2] = E[X(X-1)] + E[X] = n(n-1)p^2 + np$$

である．よって，

$$V[X] = E[X^2] - (E[X])^2$$
$$= n(n-1)p^2 + np - (np)^2 = np(1-p) = npq \qquad \square$$

【問 1.10】 ポアソン分布の分散 $V[X] = \lambda$ を導け．

[略解] $V[X] = E[X^2] - (E[X])^2$ の $E[X^2]$ は $E[X] = \lambda$ を求めたときと同じ手順によって，$E[X^2] = \lambda^2 + \lambda$ となる．よって，

$$V[X] = E[X^2] - (E[X])^2 = \lambda^2 + \lambda - \lambda^2 = \lambda \qquad \square$$

1.3.3　一様分布

　第 1.3.2 項では離散型確率変数について述べてきた．このとき，離散型では，同様に確からしい場合の数は有限個であった．しかし，確率変数が連続的な値をとるときには場合の数は無限個になるため，ある事象 A が起こる確率を求めるときに，「事象 A が起こる場合の数」÷「全事象が起こる場合の数」で計算することができない．たとえば，円周の長さが l のルーレットがあり，ルーレットの針が指す位置はどこも同様に確からしいとする．位置 x を指す確率変数を X として，このルーレットの針がある位置 $X = x$ を指す確率を求めると，全事象であるルーレットの位置 0 から長さ l までの区間に対して，針が指す位置の幅（区間の長さ）は 0 であるため，確率は $P(X = x) = 0$ になる．もし，針が区間 $a \leq X \leq b$ $(0 \leq a, b \leq l)$ を指す確率であれば，ルーレットの針が指す位置は同様に確からしいので，その確率は

$$P(a \leq X \leq b) = \frac{b-a}{l}$$

となる．針がある区間を指す確率はその区間の長さに比例する．このルーレットの場合，比例定数は $1/l$ となる．$1/l$ を確率変数 X の**確率密度 (probability density)** という．確率密度を関数 $f(x)$ で表すと，

このルーレットの場合は $f(x) = 1/l$ で，すべての区間で確率密度は一定になる．このとき，確率変数 X は区間 $0 \leq X \leq l$ で**一様分布 (uniform distribution)** に従うという（図 1.9）．$f(x)$ は連続関数であり，確率変数 X も連続した値をとる．連続した値をとる確率変数を**連続型確率変数**

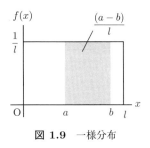

図 1.9 一様分布

(continuous random variable) といい，連続型確率変数 X が微小区間 $(x \leq X \leq x + dx)$ にある確率は

$$P(x \leq X \leq x + dx) = f(x)dx$$

と考えてよい．これは離散型確率変数 X が $X = x_i$ をとる確率 $p_i = P(X = x_i)$ に対応する．連続型確率変数 X が微小区間にある確率 $f(x)dx$ を**確率素分 (probability element)** という．

ルーレットの例を一般化すると，確率変数 X が区間 $(a \leq X \leq b)$ をとる確率は次の式で表せる（図 1.10）．

$$P(a \leq X \leq b) = \int_a^b f(x)dx$$

このルーレットの場合は $f(x) = 1/l$ であるので，次のようになる．

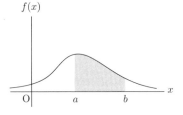

図 1.10 一般の確率密度

$$P(a \leq X \leq b) = \int_a^b f(x)dx = \int_a^b \frac{1}{l}dx = \frac{b-a}{l}$$

確率変数 X が全区間 $(-\infty \leq X \leq \infty)$ をとる確率は 1 である．

$$P(-\infty \leq X \leq \infty) = \int_{-\infty}^\infty f(x)dx = 1$$

また，確率変数 X に対して，$X \leq x$ になる確率 $F(x)$ を確率変数 X の**分布関数 (distribution function)** または累積分布関数 (cumulative distribution function) といい，次のように表す．

$$F(x) = P(X \leq x) = \int_{-\infty}^x f(x)dx$$

確率変数 X が区間 $(a \leq X \leq b)$ をとる確率を分布関数 $F(x)$ で表すと,

$$P(a \leq X \leq b) = P(X \leq b) - P(X \leq a)$$
$$= \int_{-\infty}^{b} f(x)dx - \int_{-\infty}^{a} f(x)dx = F(b) - F(a)$$

となる. このルーレットの場合は

$$P(a \leq X \leq b) = P(X \leq b) - P(X \leq a) = F(b) - F(a)$$
$$= \int_{-\infty}^{b} \frac{1}{l}dx - \int_{-\infty}^{a} \frac{1}{l}dx = \int_{0}^{b} \frac{1}{l}dx - \int_{0}^{a} \frac{1}{l}dx = \frac{b}{l} - \frac{a}{l} = \frac{b-a}{l}$$

となる. $x = a$ と $x = b$ における分布関数 $F(x)$ の値は, それぞれ次のようになる.

$$F(a) = \frac{a}{l}, \quad F(b) = \frac{b}{l}$$

【例 1.8】 確率変数 X の確率密度 (図 1.11)が次の式で与えられるとき, $P(X \geq 1)$ を求めよ.

$$\begin{cases} f(x) = 1 - \frac{1}{2}x & (0 \leq x \leq 2) \\ f(x) = 0 & (0 > x, x > 2) \end{cases}$$

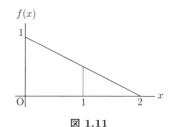

図 1.11

[**解**] 図 1.11 より $f(x) = 1 - \frac{1}{2}x \ (0 \leq x \leq 2)$ となる.

(求め方 1) 分布関数を使う.

$$F(x) = P(X \leq x) = \int_{-\infty}^{x} f(x)dx = \int_{0}^{x} \left(1 - \frac{1}{2}x\right)dx = x - \frac{1}{4}x^2$$

$$P(X \geq 1) = 1 - F(1) = 1 - \frac{3}{4} = \frac{1}{4}$$

(求め方 2) $f(x)$ を区間 $(1 \leq X \leq 2)$ で積分する.

$$P(X \geq 1) = P(1 \leq X \leq 2)$$
$$= \int_{1}^{2} \left(1 - \frac{1}{2}x\right)dx = \left[x - \frac{1}{4}x^2\right]_{1}^{2} = \frac{1}{4} \qquad \square$$

【問 1.11】　確率変数 X の確率密度
（図 1.12）が次の式で与えられると
き，$P(0 \leq X \leq 1)$ を求めよ.

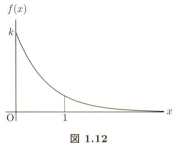

$$\begin{cases} f(x) = ke^{-kx} & (x \geq 0) \\ f(x) = 0 & (x < 0) \end{cases}$$

（この $f(x) = ke^{-kx}$ は第 1.3.5 項で
述べる確率変数 X の指数分布という）

図 1.12

[**略解**]　　$P(0 \leq X \leq 1) = \displaystyle\int_0^1 f(x)dx = \int_0^1 ke^{-kx}dx$

$$= [-e^{-kx}]_0^1 = 1 - e^{-k} \qquad \Box$$

1.3.4　正規分布

統計処理する上で最もよく使われる正規分布について述べる.

連続型確率変数 X の確率密度が

$$f(x) = \frac{1}{\sqrt{2\pi}\sigma}e^{-\frac{1}{2}\left(\frac{x-\mu}{\sigma}\right)^2}$$

であるとき，X は $N(\mu, \sigma^2)$ の**正規分
布 (normal distribution)** に従うと
いう（図 1.13. 正規分布では，第 1.3.6

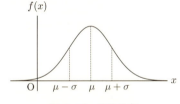

図 1.13　正規分布

項の連続型確率変数（1 変数）の平均，分散の定義式から，$E[X] = \mu$,
$V[X] = \sigma^2$ となる）. 特に，$\mu = 0, \sigma = 1$ である $N(0, 1)$ に従う正規分布

$$g(z) = \frac{1}{\sqrt{2\pi}}e^{-\frac{z^2}{2}}$$

を**標準正規分布 (standard normal
distribution)** または標準型正規分布
といい，図 1.14 で表される.

物の長さや重さの測定誤差，多人数
のテストの成績など多くの確率変数が
この正規分布に従うと考えられる.

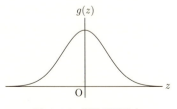

図 1.14　標準正規分布

　正規分布から標準正規分布への変換は第 1.2.4 項で「$Z = (X - \bar{x})/\sigma_X$ によって，変量 X を変数変換すると，$\bar{z} = 0, \sigma_Z = 1$ となる」と述べた．これに従って，X を Z に変数変換することによって，$f(x)$ から $g(z)$ が得られる．

　正規分布と標準正規分布の分布関数 $F(x)$ と $G(z)$ は次の式で表せる．

$$F(x) = P(X \leq x) = \int_{-\infty}^{x} f(x)dx = \frac{1}{\sqrt{2\pi}\sigma} \int_{-\infty}^{x} e^{-\frac{1}{2}\left(\frac{x-\mu}{\sigma}\right)^2} dx$$

$$G(z) = P(Z \leq z) = \int_{-\infty}^{z} g(z)dz = \frac{1}{\sqrt{2\pi}} \int_{-\infty}^{z} e^{-\frac{z^2}{2}} dz$$

$F(x)$ と $G(z)$ の間には次の関係がある．

　連続型確率変数 X がある値 a 以下になる分布関数は

$$F(a) = P(X \leq a) = G(z_a) = P(Z \leq z_a) \quad \left(ただし，z_a = \frac{a - \mu}{\sigma}\right)$$

さらに，連続型確率変数 X がある区間 $(a \leq X \leq b)$ にある確率は

$$P(a \leq X \leq b) = P(X \leq b) - P(X \leq a) = F(b) - F(a)$$

$$= P(z_a \leq Z \leq z_b) = P(Z \leq z_b) - P(Z \leq z_a) = G(z_b) - G(z_a)$$

$$\left(ただし，z_a = \frac{a - \mu}{\sigma}, z_b = \frac{b - \mu}{\sigma}\right)$$

から求められる．

　$P(Z \leq z)$ から z を求めるために，また，z から $P(0 \leq Z \leq z)$ を求めるために，確率変数の値 z と分布関数の値 $P(Z \leq z)$ の関係を記載した**標準正規分布表**（この表をあらためて**正規分布表 (table of normal distribution)** という）を付表 1.1, 1.2 として用意している．この表を利用するときに知っていると役立つ正規分布の性質を挙げておく．標準正規分布は $z = 0$ を中心軸に左右対称な偶関数であることから，

(1)　$P(Z \geq z) = P(Z \leq -z) = G(-z)$

(2)　$P(|Z| \geq z) = P(Z \geq z) + P(Z \leq -z) = 2G(-z)$

　$N(\mu, \sigma^2)$ の正規分布は $X = \mu$ を中心軸に左右対称である．標準正規分

布は，正規分布の中心を $z = 0$ の位置に移動し，平均が $E[Z] = 0$ と分散が $\sigma^2[Z] = 1$ となるように X を Z に変数変換している．

第 1.3.1 項の母数 (n, p) に従う二項分布

$$P(X = x) = {}_n\mathrm{C}_x p^x (1-p)^{n-x} = \frac{n!}{(n-x)!x!} p^x (1-p)^{n-x}$$

は n がある程度大きければ（たとえば，$n \geq 100$），確率 p の大きさによらずほぼ正規分布に近づくことが知られている．

また，第 1.3.2 項において，二項分布の平均は $E[X] = np$ で，分散は $\sigma^2[X] = np(1-p)$ であった．二項分布が正規分布で近似できるならば，確率変数 X が母数 (n, p) に従う二項分布は $N(np, np(1-p))$ の**正規分布**に従うと考えてよい．また，二項分布の確率変数 X を $Z = (X - np)/\sqrt{np(1-p)}$ に変数変換することによって，確率変数 Z は $N(0, 1)$ の標準正規分布に従うと考えてよい．したがって，二項分布を正規分布で近似するときには，

$$z_a = \frac{a - np}{\sqrt{np(1-p)}}, z_b = \frac{b - np}{\sqrt{np(1-p)}}$$

とすることで，先に述べた性質，たとえば，

(1)　$F(a) = P(X \leq a) = G(z_a) = P(Z \leq z_a)$

(2)　$P(a \leq X \leq b) = F(b) - F(a) = G(z_b) - G(z_a)$

(3)　$P(Z \geq z) = P(Z \leq -z) = G(-z)$

(4)　$P(|Z| \geq z) = P(Z \geq z) + P(Z \leq -z) = 2G(-z)$

などが母数 (n, p) に従う二項分布にも適用できる．

【例 1.9】　次の問いに答えよ．

(1)　確率変数 X が正規分布 $N(30, 4^2)$ に従うとき，確率 $P(22 \leq X \leq 34)$ を求めよ．

(2)　確率変数 X が正規分布 $N(2, 2^2)$ に従うとき，確率 $P(X \geq a) = 0.02$ を満たす a の値を求めよ．

(3)　確率変数 X が正規分布 $N(3, 1)$ に従うとき，確率 $P(|X - 3| \geq a) = 0.01$ を満たす a の値を求めよ．

［**解**］

(1)　$P(z_a \leq Z \leq z_b) = P(Z \leq z_b) - P(Z \leq z_a) = G(z_b) - G(z_a)$ より，

$$P(22 \leq X \leq 34) = P(-2 \leq Z \leq 1) \cong 0.477 + 0.341 = 0.818$$

(2) $P(Z \geq z) = 0.02$, つまり, $P(Z \leq z) = 0.98$ となる z は付表 1.2 より $z \cong 2.054$

$$x = a = \sigma z + \mu \cong 2 \times 2.054 + 2 = 6.108$$

(3) 確率変数 $(X - 3)$ は, 平均 $\mu = 3 - 3 = 0$, 分散 $\sigma^2 = 1$ の $N(0, 1)$ に従う.

$$P(|X - 3| \geq a) = 2 \times P(X - 3 \geq a) = 0.01$$

$$P(X - 3 \geq a) = 0.005$$

$$a \cong 2.576 \qquad \qquad \square$$

【問 1.12】　ある会社の営業社員の成績 X が $N(\mu, \sigma^2)$ の正規分布に従うとき, $Z = (X - \mu)/\sigma$ として, 次の問いに答えよ.

(1) $P(\mu - k\sigma \leq X \leq \mu + k\sigma) = P(-k \leq Z \leq k)$ になることを示せ.

(2) 成績が社員全体の平均 μ より標準偏差 σ の 2 倍以上上回る確率を求めよ.

[略解]

(1) 成績 X の正規分布 $N(\mu, \sigma^2)$ を標準正規分布 $N(0, 1)$ に変換する.

$$Z = \frac{X - \mu}{\sigma}, \quad X = \sigma Z + \mu$$

$$P(\mu - k\sigma \leq X \leq k\sigma + \mu) = P(-k\sigma \leq X - \mu \leq k\sigma)$$
$$= P(-k \leq \frac{X - \mu}{\sigma} \leq k) = P(-k \leq Z \leq k)$$

(2) 次のように, 求める確率を計算できる.

$$P(X \geq 2\sigma + \mu) = P(Z \geq 2) \cong 0.5 - 0.477 = 0.023 \qquad \square$$

1.3.5 指数分布

連続型確率変数 X の確率密度 (図 1.15) が

$$f(x) = ke^{-kx} \quad (x \geq 0)$$

であるとき, 連続型確率変数 X は**指数分布 (exponential distribution)** に従うという.

　指数分布の分布関数 $F(x)$ は次の式で表せる.

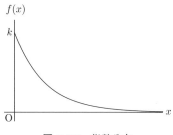

図 1.15　指数分布

$$F(x) = P(X \leq x) = \int_0^x f(x)dx$$
$$= k \int_0^x e^{-kx}dx$$

指数分布の確率変数 X の平均と分散は次式となる.

$$E[X] = \frac{1}{k}, \quad V[X] = \frac{1}{k^2}$$

　指数分布はシステム設計などで重要なジョブの処理時間, あるいは, ジョブがサーバーを占有する保留時間に関係する. このほか, 身近な例では, ある製品の寿命, ある事故の発生間隔, ある銀行の窓口の待ち時間などの時間に関係する分布を扱う.

【例 1.10】　指数分布の確率変数 X の平均と分散が

$$E[X] = \frac{1}{k}, \quad V[X] = \frac{1}{k^2}$$

になることを示せ (第 1.3.6 項の連続型確率変数 (1 変数) の平均, 分散の定義式より求めよ).

[解]
$$E[X] = \int_{-\infty}^{\infty} xf(x)dx = \int_0^{\infty} kxe^{-kx}dx = k\frac{1}{k^2} = \frac{1}{k}$$
$$V[X] = E[X^2] - (E[X])^2 = \int_0^{\infty} kx^2 e^{-kx}dx - \frac{1}{k^2}$$
$$= \frac{2}{k^2} - \frac{1}{k^2} = \frac{1}{k^2} \qquad \qquad \square$$

【問 1.13】　あるメーカーの自動車の A 部品は平均して 10 年間は故障しないといわれている. この部品が 5 年以上故障しない確率を求めよ.

[略解]　$E[X] = 1/k = 10, k = 1/10$ となるので, 確率密度は

$$f(x) = ke^{-kx} = \frac{1}{10}e^{-\frac{1}{10}x}$$

である．ここで，「5 年以上故障しない確率」＝ 1 −「5 年以内に故障する確率」であるから，

$$P(X \geq 5) = 1 - P(X \leq 5) = 1 - \int_0^x f(x)dx$$

$$= 1 - \frac{1}{10}\int_0^5 e^{-\frac{1}{10}x}dx = \frac{1}{\sqrt{e}} \qquad \square$$

1.3.6　連続型確率変数（1 変数）の平均，分散，標準偏差

第 1.3.3 項において，連続型確率変数 X が微小区間 $(x \leq X \leq x + dx)$ をとる確率は

$$P(x \leq X \leq x + dx) = f(x)dx$$

であると考えた．この式の右辺の確率素分 $f(x)dx$ は，離散型確率変数 X が x_i をとる確率 p_i に対応する．

また，第 1.3.2 項において，離散型確率変数 X の平均（期待値）を次のように定義した．

$$E[X] = \sum_{i=1}^{\infty} p_i x_i$$

$$(p_i = P(X = x_i) \quad (i = 1, 2, \cdots, m), \quad p_{m+1} = p_{m+2} = \cdots = 0)$$

また，第 1.3.2 項において，$Y = g(X)$ の平均は，p_i が X のとる確率とすると，

$$E[Y] = E[g(X)] = \sum_{i=1}^{m} p_i y_i = \sum_{i=1}^{\infty} p_i g(x_i)$$

であった．

このことから，連続型確率変数 X の**平均**（**期待値**）は

$$E[X] = \int_{-\infty}^{\infty} x f(x)dx$$

で定義する．X の関数 $Y = g(X)$ の平均は次のようになる．

$$E[Y] = E[g(X)] = \int_{-\infty}^{\infty} g(x)f(x)dx$$

　連続型確率変数 X の**分散**は，第 1.3.2 項の分散の定義と同様にして，確率変数 X の平均 $E[X]$ からの偏差の平方の平均で定義し，$\sigma^2[X]$，または，$V[X]$ で表す．

$$V[X] = \int_{-\infty}^{\infty} (x - E[X])^2 f(x) dx$$
$$= E[(X - E[X])^2] = E[X^2] - (E[X])^2$$

　標準偏差は離散型確率変数と同様に分散の平方根（正の値）$\sigma[X]$ で定義する．

　式の記述は離散型確率変数 X の分散 $V[X]$，標準偏差 $\sigma[X]$ と同じ型であるが，具体的な計算は，離散型は $\sum \cdots$ で計算，連続型は $\int \cdots dx$ で計算する．

　連続型確率変数 X の平均，分散と標準偏差の性質についても，第 1.3.2 項の離散型確率変数 X で挙げた性質と同じであるが，再度列記する．

　ただし，以下の a は定数である．

(1)　$E[X + a] = E[X] + a$

(2)　$E[aX] = aE[X]$

(3)　$E[X - E[X]] = 0$

(4)　$\sigma[aX] = |a|\sigma[X]$

(5)　$\sigma[X + a] = \sigma[X]$

(6)　$Z = (X - E[X])/\sigma[X]$ によって，変数 X を変数変換すると，$E[Z] = 0$，$\sigma[Z] = 1$ となる．

(7)　$V[aX] = a^2 V[X]$

(8)　チェビシェフの不等式

$$P(|X - E[X]| \geq \varepsilon) \leq \frac{\sigma^2}{\varepsilon^2} \quad (\varepsilon > 0)$$

1.3.7　離散型確率変数（2 変数）の平均，分散，標準偏差，相関

　袋の中の球を非復元抽出する場合を考える．いま，袋の中には赤色の球が 5 個，青色の球が 3 個，白色の球が 1 個入っているものとする．この袋の中から，1 回に 1 個ずつ 2 回非復元抽出する．このとき，赤色の球を

取り出せば得点 a, 青色の球を取り出せば得点 b, 白色の球を取り出せば
得点 c とする．1回目の得点を $X = x_i$ $(x_1 = a, x_2 = b, x_3 = c)$, 2回目
の得点を $Y = y_j$ $(y_1 = a, y_2 = b, y_3 = c)$ とするとき，X, Y がとる得点
$X = x_i(i = 1, 2, 3), Y = y_j(j = 1, 2, 3)$ に対して，X が x_i をとり，かつ，
Y が y_j をとる確率を $p_{ij} = P(X = x_i, Y = y_j)$ で表すものとする．

　X, Y と i, j を一般化して，離散型確率変数 X, Y のとる値とその確率
$p_{ij} = P(X = x_i, Y = y_j)$ $(i = 1, 2, \cdots, m; j = 1, 2, \cdots, n)$ の組を X, Y
の**同時確率分布 (joint probability distribution)** という．

　同時確率分布には次の性質がある．

(1)　$P(X = x_i, Y = y_j)$ の j についての総和を X の**周辺分布 (marginal distribution)** といい，Y のとる値に関係しない．

$$\sum_{j=1}^{n} P(X = x_i, Y = y_j) = P(X = x_i) \quad (i = 1, 2, \cdots, m)$$

この式の左辺は x_i に対して，Y はすべての値をとっているので，
$P(X = x_i)$ に等しい．

(2)　$P(X = x_i, Y = y_j)$ の i についての総和を Y の**周辺分布**といい，X
のとる値に関係しない．

$$\sum_{i=1}^{m} P(X = x_i, Y = y_j) = P(Y = y_j) \quad (j = 1, 2, \cdots, n)$$

この式の左辺は y_j に対して，X はすべての値をとっているので，
$P(Y = y_j)$ に等しい．

(3)　確率 $P(X = x_i, Y = y_j)$ の総和は1になる．

$$\sum_{i=1}^{m} \sum_{j=1}^{n} P(X = x_i, Y = y_j) = \sum_{i=1}^{m} \sum_{j=1}^{n} p_{ij} = 1$$

(4)　確率変数 X, Y が独立であるとき，

$$P(X = x_i, Y = y_j) = P(X = x_i)P(Y = y_j)$$

となる．前の例では，袋の中の球を非復元抽出するときの X, Y は独
立ではないが，復元抽出であれば X, Y は独立である．

確率変数 X, Y の**平均**（**期待値**）は次の式で定義する.

$$E[X] = \sum_{i=1}^{m}\sum_{j=1}^{n} x_i P(X=x_i, Y=y_j) = \sum_{i=1}^{m} x_i P(X=x_i)$$

$$E[Y] = \sum_{i=1}^{m}\sum_{j=1}^{n} y_j P(X=x_i, Y=y_j) = \sum_{j=1}^{n} y_j P(y=y_j)$$

確率変数 X, Y の平均には次の性質がある.

(1)　確率変数の和・差 $Z = X \pm Y$ の平均

$$E[X \pm Y] = \sum_{k} z_k P(Z=z_k)$$

$$= \sum_{i=1}^{m}\sum_{j=1}^{n}(x_i \pm y_j)P(X=x_i, Y=y_j)$$

$$= \sum_{i=1}^{m}\sum_{j=1}^{n} x_i P(X=x_i, Y=y_j) \pm \sum_{i=1}^{m}\sum_{j=1}^{n} y_j P(X=x_i, Y=y_j)$$

$$= E[X] \pm E[Y]$$

(2)　確率変数の積 $Z = X \cdot Y$ の平均（他の関数 $Z = f(X \cdot Y)$ についても同様である）

$$E[X \cdot Y] = \sum_{k} z_k P(Z=z_k) = \sum_{i=1}^{m}\sum_{j=1}^{n}(x_i \cdot y_j)P(X=x_i, Y=y_j)$$

特に，確率変数 X, Y が独立，つまり，$P(X=x_i, Y=y_j) = P(X=x_i)P(Y=y_j)$ であるとき，

$$E[X \cdot Y] = \sum_{k} z_k P(Z=z_k)$$

$$= \sum_{i=1}^{m}\sum_{j=1}^{n}(x_i \cdot y_j)P(X=x_i, Y=y_j)$$

$$= \sum_{i=1}^{m}\sum_{j=1}^{n}(x_i \cdot y_j)P(X=x_i)P(Y=y_j)$$

$$= \sum_{i=1}^{m} x_i P(X=x_i) \sum_{j=1}^{n} y_j P(Y=y_j)$$

$$E[X \cdot Y] = E[X]E[Y]$$

第 1.2.4 項において，変量 X の分散を次のように定義した．

$$\sigma^2 = \frac{1}{N}\sum_{i=1}^{m} f_i(x_i - \bar{x})^2 = \frac{1}{N}\sum_{i=1}^{m} f_i x_i^2 - 2\bar{x}\frac{1}{N}\sum_{i=1}^{m} f_i x_i + \bar{x}^2$$

$$= \frac{1}{N}\sum_{i=1}^{m} f_i x_i^2 - \bar{x}^2$$

離散型確率変数 X, Y が起こる確率を $P(X = x_i, Y = y_j)$ で表すとき，X, Y の**分散**，**標準偏差**，**相関**を次のように定義する．

分散は第 1.3.2 項の離散型確率変数の場合と同様に，確率変数 X, Y のそれぞれの平均 $E[X], E[Y]$ からの偏差の平方の平均で定義し，$\sigma^2[X], \sigma^2[Y]$，または，$V[X], V[Y]$ などで表す．

$$V[X] = E[(X - E[X])^2] = \sum_{i=1}^{m}\sum_{j=1}^{n}(x_i - E[X])^2 P(X = x_i, Y = y_j)$$

$$= E[X^2] - (E[X])^2$$

$$V[Y] = E[(Y - E[Y])^2] = \sum_{i=1}^{m}\sum_{j=1}^{n}(y_j - E[Y])^2 P(X = x_i, Y = y_j)$$

$$= E[Y^2] - (E[Y])^2$$

標準偏差は分散の平方根（正の値）で定義し，$\sigma[X], \sigma[Y]$ で表す．

標準偏差と分散の性質は第 1.3.2 項の離散型確率変数の場合と同様であるので省略する．

相関（**共分散**と**相関係数**）は次のように定義する．

第 1.2.5 項では変量 X, Y に対して共分散を次のように定義した．

$$\sigma_{XY} = \frac{1}{N}\sum_{i=1}^{N}(x_i - \bar{x})(y_i - \bar{y})$$

確率変数 X, Y の共分散に対しても第 1.2.5 項と同様に，確率変数 X, Y のそれぞれの平均 $E[X], E[Y]$ からの偏差の積の平均で定義し，$\sigma[X, Y]$ で表す．

$$\sigma[X, Y] = \sum_{i=1}^{m}\sum_{j=1}^{n}(x_i - E[X])(y_j - E[Y])P(X = x_i, Y = y_j)$$

$$= E[(X - E[X])(Y - E[Y])]$$

第 1.2.5 項では変量 X, Y に対して相関係数を次のように定義した.

$$r = \frac{1}{\sigma_X \sigma_Y} \frac{1}{N} \sum_{i=1}^{N} (x_i - \bar{x})(y_i - \bar{y})$$

確率変数 X, Y の相関係数に対しても同様に定義し,$r[X, Y]$ で表す.

$$r[X, Y] = \frac{E[(X - E[X])(Y - E[Y])]}{\sigma[X]\sigma[Y]}$$

変量 X, Y の共分散と相関係数は第 1.2.5 項で次のように変形された.

$$\sigma_{XY} = \frac{1}{N} \sum_{i=1}^{N} (x_i - \bar{x})(y_i - \bar{y}) = \frac{1}{N} \sum_{i=1}^{N} x_i y_i - \bar{x}\bar{y}$$

$$r = \frac{1}{\sigma_X \sigma_Y} \frac{1}{N} \sum_{i=1}^{N} (x_i - \bar{x})(y_i - \bar{y}) = \frac{1}{\sigma_X \sigma_Y} \left(\frac{1}{N} \sum_{i=1}^{N} x_i y_i - \bar{x}\bar{y} \right)$$

確率変数 X, Y に対しても同様に,次のように変形される.

$$\sigma[X, Y] = E[XY] - E[X]E[Y]$$

$$r[X, Y] = \frac{E[XY] - E[X]E[Y]}{\sigma[X]\sigma[Y]}$$

確率変数 X, Y が独立であるとき,分散と相関係数には次のような性質がある.

(1) 相関係数は $r[X, Y] = 0$

(2) $V[X \pm Y] = V[X] + V[Y]$

(3) $V[aX + bY] = a^2 V[X] + b^2 V[Y]$ (a, b は定数)

(4) $V[X] = V[Y]$ のとき,

$$V\left[\frac{X + Y}{2}\right] = V\left[\frac{X}{2}\right] + V\left[\frac{Y}{2}\right] = \frac{1}{4}(V[X] + V[Y])$$

$$= \frac{1}{2}V[X]$$

【例 1.11】　袋の中に赤色の球が 5 個,青色の球が 3 個,白色の球が 1 個入っている.この袋の中から,1 回に 1 個ずつ 2 回非復元抽出する.このとき,赤色の球を取り出せば得点 1,青色の球を取り出せば得点 2,白色の球を取

り出せば得点 3 とする．1 回目の得点を $X = x_i$ $(x_1 = 1, x_2 = 2, x_3 = 3)$,
2 回目の得点を $Y = y_j$ $(y_1 = 1, y_2 = 2, y_3 = 3)$ とするとき，確率
$p_{ij} = P(X = x_i, Y = y_j)$ の同時確率分布の性質 (1), (2), (3) を確か
めよ．

[**解**]　表 1.9 を参照せよ．

$$\sum_{j=1}^{n} P(X = x_i, Y = y_j) = P(X = x_i)$$

$$\sum_{i=1}^{m} P(X = x_i, Y = y_j) = P(Y = y_j)$$

$$\sum_{i=1}^{m}\sum_{j=1}^{n} P(X = x_i, Y = y_j) = \sum_{i=1}^{m}\sum_{j=1}^{n} p_{ij} = 1$$

となって，同時確率分布の性質 (1), (2), (3) が確かめられた．　　　　□

表 **1.9**　同時確率分布表

Y＼X	1	2	3	計
1	$\dfrac{5}{9}\cdot\dfrac{4}{8}$	$\dfrac{3}{9}\cdot\dfrac{5}{8}$	$\dfrac{1}{9}\cdot\dfrac{5}{8}$	$\dfrac{5}{9}$
2	$\dfrac{5}{9}\cdot\dfrac{3}{8}$	$\dfrac{3}{9}\cdot\dfrac{2}{8}$	$\dfrac{1}{9}\cdot\dfrac{3}{8}$	$\dfrac{3}{9}$
3	$\dfrac{5}{9}\cdot\dfrac{1}{8}$	$\dfrac{3}{9}\cdot\dfrac{1}{8}$	$\dfrac{1}{9}\cdot\dfrac{0}{8}$	$\dfrac{1}{9}$
計	$\dfrac{5}{9}$	$\dfrac{3}{9}$	$\dfrac{1}{9}$	1

【**問 1.14**】　例 1.11 において，$Z = X \cdot Y$ としたとき，Z の平均を求めよ．

[**略解**]　表 1.10 の中の $Z = X \cdot Y$ の値とその確
率 $P(X = x_i, Y = y_j)$ （表 1.9 の同時確率分布の
表と同じ位置にある確率）の積の総和を求める．

表 **1.10**　$Z = X \cdot Y$

Y＼X	1	2	3
1	1	2	3
2	2	4	6
3	3	6	9

$$E[X \cdot Y] = \sum_{k} z_k P(Z = z_k)$$

$$= \sum_{i=1}^{3}\sum_{j=1}^{3} (x_i \cdot y_j) P(X = x_i, Y = y_j)$$

$$= \frac{5}{9} \cdot \frac{4}{8} \times 1 + \frac{3}{9} \cdot \frac{5}{8} \times 2 + \frac{1}{9} \cdot \frac{5}{8} \times 3 + \cdots + \frac{5}{9} \cdot \frac{1}{8} \times 3 + \frac{3}{9} \cdot \frac{1}{8} \times 6 + 0 \times 9$$

$$= \frac{85}{36} \hspace{5cm} \square$$

1.3.8　連続型確率変数（2 変数）の平均, 分散, 標準偏差, 相関

第 1.3.3 項において, 連続型確率変数 X が微小区間 $(x \leq X \leq x + dx)$ をとる確率は

$$P(x \leq X \leq x + dx) = f(x)dx$$

であると考えた.

そこで, X が微小区間 $(x \leq X \leq x + dx)$ をとり, かつ, Y が微小区間 $(y \leq Y \leq y + dy)$ をとる確率を

$$P(x \leq X \leq x + dx, y \leq Y \leq y + dy) = f(x,y)dxdy$$

と考える. これは離散型確率変数 X, Y の値が, それぞれ, $X = x_i, Y = y_j$ をとる確率 $p_{ij} = P(X = x_i, Y = y_j)$ に対応する. $f(x,y)$ を (X,Y) の**同時確率密度 (joint probability density)** といい, $f(x,y)dxdy$ は, $X = x, Y = y$ での微小領域 $dxdy$ 上で X, Y がとる確率で, **同時確率素分 (joint probability element)** という.

X, Y の値が, それぞれ, $x_1 \leq X \leq x_2, y_1 \leq Y \leq y_2$ をとる確率は

$$P(x_1 \leq X \leq x_2, y_1 \leq Y \leq y_2) = \int_{y_1}^{y_2} \int_{x_1}^{x_2} f(x,y)dxdy$$

X, Y の値が, それぞれ, $-\infty \leq X \leq \infty, -\infty \leq Y \leq \infty$ をとる確率は

$$P(-\infty \leq X \leq \infty, -\infty \leq Y \leq \infty) = \int_{-\infty}^{\infty} \int_{-\infty}^{\infty} f(x,y)dxdy = 1$$

で表せる.

第 1.3.7 項で述べた離散型確率変数の周辺分布に対して, 連続型確率変数では, (X,Y) の同時確率密度が $f(x,y)$ であるとき, 次の関係が成り立つ.

$$\int_{-\infty}^{\infty} f(x,y)dy = u(x), \quad \int_{-\infty}^{\infty} f(x,y)dx = v(y)$$

$u(x)$ と $v(y)$ は，それぞれ，確率変数 X と Y の周辺分布（周辺確率密度 (marginal probability density) ともいう）である．

また，第 1.3.3 項において，連続型確率変数 X に対して，確率変数 X の分布関数 $F(x)$ を次のように表した．

$$F(x) = P(X \leq x) = \int_{-\infty}^{x} f(x)dx$$

そこで，X が $X \leq x$ をとり，かつ，Y が $Y \leq y$ をとる X, Y の分布関数を

$$F(x, y) = P(X \leq x, Y \leq y) = \int_{-\infty}^{y} \int_{-\infty}^{x} f(x, y)dxdy$$

で表す．

x, y のすべての値について，以下の関係が成り立つとき，連続型確率変数 X, Y は独立であるという．

$$F(x, y) = P(X \leq x, Y \leq y) = P(X \leq x)P(Y \leq y)$$

または，

$$f(x, y) = u(x)v(y)$$

連続型確率変数 X, Y の平均，分散，標準偏差，相関は離散型確率変数で定義した $\sum \sum \cdots$ の部分を $\int \int \cdots dxdy$ で置きかえる．

たとえば，離散型の**平均**

$$E[X] = \sum_{i=1}^{m} \sum_{j=1}^{n} x_i P(X = x_i, Y = y_j) = \sum_{i=1}^{m} x_i P(X = x_i)$$

$$E[Y] = \sum_{i=1}^{m} \sum_{j=1}^{n} y_j P(X = x_i, Y = y_j) = \sum_{j=1}^{n} y_j P(y = y_j)$$

では，$\sum \sum \cdots$ の部分を $\int \int \cdots dxdy$ で置きかえることにより，

$$E[X] = \int_{-\infty}^{\infty} \int_{-\infty}^{\infty} x f(x, y)dxdy = \int_{-\infty}^{\infty} x u(x)dx$$

$$E[Y] = \int_{-\infty}^{\infty} \int_{-\infty}^{\infty} y f(x, y)dxdy = \int_{-\infty}^{\infty} y v(y)dy$$

となる. 同様にして, **分散は**

$$V[X] = \int_{-\infty}^{\infty} \int_{-\infty}^{\infty} (x - E[X])^2 f(x, y) dx dy$$
$$= E[(X - E[X])^2] = E[X^2] - (E[X])^2$$
$$V[Y] = \int_{-\infty}^{\infty} \int_{-\infty}^{\infty} (y - E[Y])^2 f(x, y) dx dy$$
$$= E[(Y - E[Y])^2] = E[Y^2] - (E[Y])^2$$

共分散は

$$\sigma[X, Y] = \int_{-\infty}^{\infty} \int_{-\infty}^{\infty} (x - E[X])(y - E[Y]) f(x, y) dx dy$$
$$= E[(X - E[X])(Y - E[Y])] = E[XY] - E[X]E[Y]$$

相関係数は次のようになる.

$$r[X, Y] = \frac{1}{\sigma[X]\sigma[Y]} \int_{-\infty}^{\infty} \int_{-\infty}^{\infty} (x - E[X])(y - E[Y]) f(x, y) dx dy$$
$$= \frac{E[(X - E[X])(Y - E[Y])]}{\sigma[X]\sigma[Y]} = \frac{E[XY] - E[X]E[Y]}{\sigma[X]\sigma[Y]}$$

連続型確率変数 X, Y の平均, 分散, 標準偏差, 相関の性質は第 1.3.7 項の離散型確率変数の場合と同じであるので省略する.

連続型確率変数 X, Y の平均, 分散の性質から, X, Y が独立で, それぞれ, $N(\mu_1, \sigma_1^2)$ と $N(\mu_2, \sigma_2^2)$ の正規分布に従うとき, $(aX \pm bY)$ は正規分布 $N(a\mu_1 \pm b\mu_2, a^2\sigma_1^2 + b^2\sigma_2^2)$ に従うことがわかる.

したがって, その平均 $Z = (X + Y)/2$ は $N((\mu_1 + \mu_2)/2, (\sigma_1^2 + \sigma_2^2)/2^2)$ の正規分布に従う.

連続型確率変数 X, Y の同時確率密度が次の式で与えられるとき, X, Y は **2 変量正規分布 (bivariate normal distribution)** $N(\mu_1, \mu_2, \sigma_1^2, \sigma_2^2, r)$ に従うという.

$$f(x, y) = \frac{1}{2\pi\sigma_1\sigma_2} \frac{1}{\sqrt{1 - r^2}} e^{-\frac{1}{2}q(x, y)}$$
$$q(x, y) = \frac{1}{1 - r^2} \left\{ \left(\frac{x - \mu_1}{\sigma_1} \right)^2 - 2r \frac{x - \mu_1}{\sigma_1} \frac{y - \mu_2}{\sigma_2} + \left(\frac{y - \mu_2}{\sigma_2} \right)^2 \right\}$$

(ただし, r は X, Y の相関係数である)

X と Y が，それぞれ，$N(\mu_1, \sigma_1^2)$ と $N(\mu_2, \sigma_2^2)$ の正規分布に従い，かつ，X, Y が独立のとき，X, Y の相関係数は $r = 0$ であるので，同時確率密度は次の式で表される．

$$f(x,y) = u(x)v(y) = \frac{1}{\sqrt{2\pi}\sigma_1}e^{-\frac{1}{2}(\frac{x-\mu_1}{\sigma_1})^2}\frac{1}{\sqrt{2\pi}\sigma_2}e^{-\frac{1}{2}(\frac{y-\mu_2}{\sigma_2})^2}$$

$$\left(\begin{array}{l} \text{ただし，} \quad u(x) = \int_{-\infty}^{\infty} f(x,y)dy = \frac{1}{\sqrt{2\pi}\sigma_1}e^{-\frac{1}{2}(\frac{x-\mu_1}{\sigma_1})^2} \\ \qquad\qquad v(y) = \int_{-\infty}^{\infty} f(x,y)dx = \frac{1}{\sqrt{2\pi}\sigma_2}e^{-\frac{1}{2}(\frac{y-\mu_2}{\sigma_2})^2} \end{array} \right)$$

【例 1.12】 正規分布に従う X, Y が独立で，その平均がともに等しく $E[X] = E[Y]$ であるとき，$|X - Y|$ の値が $\sigma[X - Y]$ 以上である確率は 0.318 である．たとえば，X, Y が独立で，それぞれ，$N(60, 4^2)$ と $N(60, 3^2)$ の正規分布に従うとき，X, Y の差の絶対値 $|X - Y|$ が 5 以上ある確率を求めよ．

[解] $X - Y = W$ とおくと，$P(|W| \geq 5) = P(W \leq -5) + P(W \geq 5)$ である．W は $N(60 - 60, 4^2 + 3^2) = N(0, 5^2)$ の正規分布に従う．変数変換

$$Z = \frac{W - \mu}{\sigma} = \frac{W - 0}{5} = \frac{W}{5}$$

により，

$$P(|W| \geq 5) = P(W \leq -5) + P(W \geq 5) = P(Z \leq -1) + P(Z \geq 1)$$
$$= 2P(Z \leq -1) \cong 2 \times (0.5 - 0.341) = 0.318$$

となり．X, Y の平均はともに等しく 60 であるが，両者の差の絶対値が 5 以上のものは 31.8% もあることがわかる． □

【問 1.15】 例 1.12 の逆の問題として，X, Y の差の絶対値 $W = X - Y$ が全体の 31.8% 以下 (つまり $P(|W| \geq a) \leq 0.318$) となる a の値が 5 になることを示せ．

[解] 省略

1.4　例と問の復習

第 1.1 節から第 1.3 節までの理解度を確認するために，再度同じ例と問を取り上げる．確率の勉強は同じことを何度も繰り返すことで理解が深まるので，解答を見ずに正しい解答ができるまで挑戦して欲しい．これらのすべてを解答できれば確率の基礎を理解できたといえる（計算例，例，問は本文中に掲載されている順に並べている）．

●**第 1.1 節**

【**例 1.1**】　表 1.1 は，1 個のサイコロを 2 回投げ，1 回目に出た目の数を x，2 回目に出た目の数を y とするときの 2 つの目の差の絶対値 $|x-y|$ の値を示している．

$|x-y| \leq 3$ になる事象を A

$|x-y| \geq 2$ になる事象を B

表 1.1　サイコロの目の差の絶対値（再掲）

x \ y	1	2	3	4	5	6
1	0	1	2	3	4	5
2	1	0	1	2	3	4
3	2	1	0	1	2	3
4	3	2	1	0	1	2
5	4	3	2	1	0	1
6	5	4	3	2	1	0

$|x-y|$

とするとき，次の事象が起こる確率を求めよ．

(1)　$P(A)$　　(2)　$P(B)$　　(3)　$P(A \cap B)$　　(4)　$P(A \cup B)$

【**問 1.1**】　例 1.1 はサイコロの 2 つの目の差の絶対値 $|x-y|$ の値を例にして，確率の性質を確認したが，他の関係式の表を作成して確率の性質を確認せよ．

【**問 1.2**】　6 個の白球と 4 個の赤球がある．合計 10 個の球を一列に並べる順列は何通りあるか．

【**例 1.2**】　識別可能な 9 個の球と 1 個の赤球がある．合計 10 個の球から 3 個の球を取り出す組合せを次の 2 つの方法で求めよ．

(1)　$n=10$ 個から $r=3$ 個を取り出す組合せ ${}_nC_r$ を使う．

(2)　赤球 1 個を含む組合せと赤球を含まない組合せに分けて取り出し，2 個の組合せの和を求める．${}_nC_r = {}_{n-1}C_{r-1} + {}_{n-1}C_r \ (1 \leq r \leq n-1)$ が成り立つことを確認せよ．

【**例 1.3**】　ある部品の箱の中から任意に 1 個の部品を抜き取ったとき，不

良品の割合が平均して2%であった．5個の部品を抜き取ったときに2個の不良品が含まれる確率を求めよ．

【問1.3】　例1.3において，不良品が1個以上含まれる確率を求めよ．

● **第1.2節**

【計算例1.1】　表1.2のクラス100人の試験の成績の平均を度数分布表1.4から計算せよ．また，階級分けされていない表1.2から計算してみよ．

表 1.2　試験の成績（再掲）

67	29	63	64	84	51	91	57	59	80
48	68	78	59	76	58	82	89	78	48
83	77	89	79	69	80	48	55	57	76
55	83	57	63	48	59	48	69	68	81
68	61	36	48	69	70	58	46	66	61
83	58	36	69	72	75	65	58	79	72
59	68	77	46	61	65	56	58	48	69
49	73	99	33	52	88	47	90	39	50
65	60	57	84	36	99	59	57	66	69
39	55	78	76	42	49	62	68	79	88

【計算例1.2】　表1.3の身長の平均を，変量 X を変量 Z に変換して計算せよ．

表 1.3　身長 (cm) と体重 (kg)（再掲）

	1	2	3	4	5	6	7	8	9	10	11	12	13	14	15
身長	162	159	175	182	173	180	171	167	158	166	159	170	184	159	166
体重	54	62	65	78	65	72	62	59	55	70	68	68	75	67	69

【計算例1.3】　表1.2の試験の成績の分散と標準偏差を求めよ．

【問1.4】　X, Y を，それぞれ，次のように変数変換

$$Z_X = \frac{1}{a_X}(X - \tilde{x}), \quad Z_Y = \frac{1}{a_Y}(Y - \tilde{y})$$

を行うと，X, Y の相関係数と Z_X, Z_Y の相関係数は等しくなることを示せ．

【計算例1.4】　表1.3の身長と体重の相関係数を求めよ．

表 1.4 度数分布表（再掲）

階級番号	階級	階級値	度数	累積度数
1	10〜19	14.5	0	0
2	20〜29	24.5	1	1
3	30〜39	34.5	6	7
4	40〜49	44.5	13	20
5	50〜59	54.5	22	42
6	60〜69	64.5	25	67
7	70〜79	74.5	16	83
8	80〜89	84.5	13	96
9	90〜99	94.5	4	100

●第 1.3 節

【例 1.4】 硬貨を 5 回投げたときに，表が出る回数を確率変数 X とする確率分布を求めよ.

【問 1.5】 4 個のサイコロを同時に投げて，1 の目が出る回数を X とするとき，確率変数 X の確率分布を求めよ.

【例 1.5】 二項分布において，$np = \lambda$ を一定にして，n を限りなく大きくしていくと，

$$\lim_{n \to \infty} {}_n\mathrm{C}_x p^x (1-p)^{n-x} = e^{-\lambda} \frac{\lambda^x}{x!} \quad (np = \lambda)$$

が得られることを示せ.

【問 1.6】 ある部品の箱の中から任意に 1 個の部品を抜き取ったとき，不良品の割合が平均して 3% であった．100 個の部品を抜き取ったときに，不良品の数が 3 個以下である確率を求めよ．ただし，不良品の確率はポアソン分布に従うものとする.

【例 1.6】 サイコロの目の数を確率変数 X とするとき，X の平均を求めよ.

【例 1.7】 サイコロの目の数 X の値に対して，Y が $g(X) = 2X + 3$ の値をとるとき，Y の平均を求めよ.

【問 1.7】 二項分布の平均 $E[X] = np$ を導け.

【問 1.8】 ポアソン分布の平均 $E[X] = \lambda$ を導け.

【問 1.9】 二項分布の分散 $V[X] = np(1-p) = npq$ を導け.

【問 1.10】 ポアソン分布の分散 $V[X] = \lambda$ を導け.

【例 1.8】　連続型確率変数 X の確率密度（図 1.11）が次の式で与えられるとき，$P(X \geq 1)$ を求めよ.

$$\begin{cases} f(x) = 1 - \dfrac{1}{2}x & (0 \leq x \leq 2) \\ f(x) = 0 & (0 > x, x > 2) \end{cases}$$

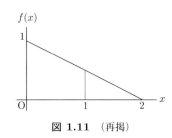

図 1.11　（再掲）

【問 1.11】　連続型確率変数 X の確率密度（図 1.12）が次の式で与えられるとき，$P(0 \leq X \leq 1)$ を求めよ.

$$\begin{cases} f(x) = ke^{-kx} & (x \geq 0) \\ f(x) = 0 & (x < 0) \end{cases}$$

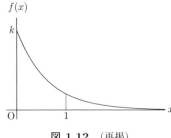

図 1.12　（再掲）

【例 1.9】　次の問いに答えよ.

(1)　確率変数 X が正規分布 $N(30, 4^2)$ に従うとき，確率 $P(22 \leq X \leq 34)$ を求めよ.

(2)　確率変数 X が正規分布 $N(2, 2^2)$ に従うとき，確率 $P(X \geq a) = 0.02$ を満たす a の値を求めよ.

(3)　確率変数 X が正規分布 $N(3, 1)$ に従うとき，確率 $P(|X - 3| \geq a) = 0.01$ を満たす a の値を求めよ.

【問 1.12】　ある会社の営業社員の成績 X が $N(\mu, \sigma^2)$ の正規分布に従うとき，$Z = (X - \mu)/\sigma$ として，次の問いに答えよ.

(1)　$P(\mu - k\sigma \leq X \leq \mu + k\sigma) = P(-k \leq Z \leq k)$ になることを示せ.

(2)　成績が社員全体の平均 μ より標準偏差 σ の 2 倍以上上回る確率を求めよ.

【例 1.10】　指数分布の確率変数 X の平均と分散が

$$E[X] = \frac{1}{k}, \quad V[X] = \frac{1}{k^2}$$

になることを示せ.

【問 1.13】　あるメーカーの自動車の A 部品は平均して 10 年間は故障しないといわれている. この部品が 5 年以上故障しない確率を求めよ. ただし，製品の寿命は指数分布に従うものとする.

【例 1.11】　袋の中に赤色の球が 5 個，青色の球が 3 個，白色の球が 1 個入っている．この袋の中から，1 回に 1 個ずつ 2 回非復元抽出する．このとき，赤色の球を取り出せば得点 1，青色の球を取り出せば得点 2，白色の球を取り出せば得点 3 とする．1 回目の得点を $X = x_i (x_1 = 1, x_2 = 2, x_3 = 3)$，2 回目の得点を $Y = y_j (y_1 = 1, y_2 = 2, y_3 = 3)$ とするとき，確率 $p_{ij} = P(X = x_i, Y = y_j)$ の同時確率分布の性質 (1)，(2)，(3) を確かめよ．

【問 1.14】　例 1.11 において，$Z = X \cdot Y$ としたとき，Z の平均を求めよ．

【例 1.12】　X, Y が独立で，それぞれ，$N(60, 4^2)$ と $N(60, 3^2)$ の正規分布に従うとき，X, Y の差の絶対値 $|X - Y|$ が 5 以上ある確率を求めよ．

【問 1.15】　例 1.12 の逆の問題として，X, Y の差の絶対値 $W = X - Y$ が全体の 31.8% 以下（つまり $P(|W| > a) < 0.318$）となる a の値が 5 になることを示せ．

1.5　練習問題

【練習問題 1.1】　袋の中に A, B, C, D, E の文字が書かれた球が 1 個ずつ 5 個入っている．この袋の中から復元抽出で 3 個の球を取り出す．次の 4 通りの取り出し方のそれぞれの確率を求めよ．

(1)　A の球以外の球を取り出す確率

(2)　2 個の同じ球を取り出す確率

(3)　同じ球を取り出さない確率

(4)　同じ球を取り出さないが，少なくとも A の球がある確率

【練習問題 1.2】　100 個の部品の中に 7 個の欠陥品が含まれている箱がある．この箱の中から任意に 7 個を取り出したとき，7 個すべてが良品である確率を求めよ．

【練習問題 1.3】　サイコロを 6 回投げたとき，最初から 3 回までは同じ目が出て，そのあとはすべて異なった目が出る確率を求めよ．

【練習問題 1.4】　1 枚の硬貨を 3 回投げて，表の出る個数を確率変数 X とするとき，X の平均 $E[X]$ と分散 $V[X]$ を求めよ．

【練習問題 1.5】 確率変数 X が正規分布 $N(\mu, \sigma^2)$ に従うとき，$E[X] = \mu, V[X] = \sigma^2$ になることを示せ.

[ヒント] 連続型確率変数 X の平均と分散の定義式に正規分布の確率密度 $f(x)$ を代入し，

$$z = \frac{x - \mu}{\sigma}, \; x = \sigma z + \mu, \; dx = \sigma dz$$

とおく.

【練習問題 1.6】 1000 人の受験生の成績が正規分布 $N(70, 10^2)$ に従うとする.

(1) 60 点以上 80 点以下の人数は何人と推定されるか.

(2) 上位 20 %に入る点数は何点以上か.

【練習問題 1.7】 ある自動車販売店の高級車 A は毎月平均 3 台売れている.

(1) 1 ヶ月に 3 台以上売れる確率を求めよ.

(2) 完売を予想してメーカーから 6 台納入した. 1 ヶ月の間に 1 台でも売れ残る（完売できない）確率を求めよ. ただし，この高級車 A の売れる確率はポアソン分布に従うものとする.

【練習問題 1.8】 確率変数 X, Y が独立であるとき，次の関係式が成り立つことを示せ.

(1) 相関係数は $r[X, Y] = 0$

(2) $V[X \pm Y] = V[X] + V[Y]$

[ヒント]

(1) 相関係数 $r[X, Y]$ の分子 $E[(X - E[X])(Y - E[Y])] = E[XY] - E[X]E[Y] = 0$

(2) $V[X \pm Y] = E[((X \pm Y) - E[X \pm Y])^2]$ は (1) より

$$E[((X \pm Y) - E[X \pm Y])^2] = E[(X - E[X])^2] + E[(Y - E[Y])^2]$$

第2章
統　　計

2.1　統計的方法

　統計的方法は，観測値の源泉から測定または計数の形でとられた観測データによって異なる．たとえば，ある大学の学生の平均身長を調べたいときには，その大学に在籍しているすべての学生の身長を測定すれば求めることができる．このようにすべてのデータをもとに調査を行う方法を**全数調査**という．また，日本人の平均身長を調べたいときには，現在いる日本人全員の身長を測れば求めることができるが，それには大変なコストや労力を要する．この場合は，日本人全体の中から無作為に少数の人を選び，その人たちの身長を測ったデータから，日本人全体の平均身長を推測する．このように調べたい対象の一部をもとに調査を行う方法を**標本調査 (sample survey)** という．

　このように数量的データの処理を行うことを**統計的方法**という．そのデータは数字で表せなければならない．データ（情報）を使って**母集団**（調べる対象となる全個体の集合）の性質について推測することを特に**推測統計**という．

2.2　母集団と標本

　観測値の源泉を**母集団 (population)** と呼ぶ．母集団とは興味のある対象の全体であり，結論を一般化したい範囲である．たとえば，「日本の小

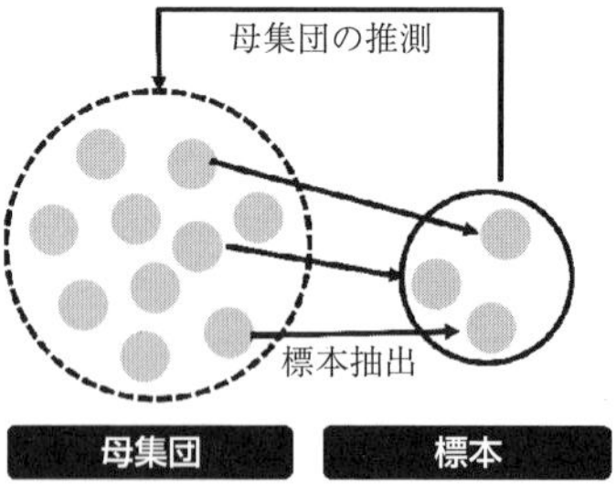

図 2.1　母集団と標本

学生の学力は」と主張したいのであれば母集団は日本の小学生全体という
ことになる．しかし，日本の小学生全員を調査することは極めて困難であ
る．そこで，母集団である日本の小学生から選ばれた（抽出された）観測
対象である一部の小学生を**標本 (sample)** と呼ぶ．このように標本は，た
とえば，抽出された人の集まり，あるいは，抽出された観測値の集まりと
なる．母集団と標本の関係を図 2.1 に示す．

【まとめ】

母集団：統計的推測の対象となる集合全体，観測値の源泉

標　本：母集団の任意の部分集合（集合とは何らかの特性を共有するもの
　　　　の集まり），観測値の集合

【例 2.1】　世論調査において母集団，標本は何にあたるか．

　世論調査とは，基本的な国民意識の動向や政府の重要施策に関する国民
の意識を把握するために行っている統計的な方法である．

[解説と解]　内閣総理大臣の支持率などは世論調査により行われている．
ここでの母集団とは，全国民一人ひとりとなる．しかし，そうすると時間
や費用が非常にかかってしまうことから，全国の縮図となるように全国の
18 歳以上の男女から抽選で選ばれた人を対象に調査を行っている．

母集団：国民全員

標　本：世論調査の対象になった有権者　　　　　　　　　　　　　　　□

この例を見るとわかるように，標本の定義は極めて正確だが，母集団の定義は必ずしも明確ではない．標本はいつでも直接観察できるが，母集団は一般的に直接観察できないものが多い．このように母集団を完全に調べ尽くすのは（無限母集団の場合）原理的にできない，または多くの労力，時間，費用がかかりすぎる場合が多い．そして，全部調べ尽くすことは無意味（製品の耐久性のテストなど）となる．よって，多くの場合，母集団ではなく標本を用いて調査を行う．

2.3　標本の取り出し方

標本は母集団からの**標本抽出 (sampling)** によって作成する．標本は母集団に関する推論を行うためのものである．よって，標本を母集団からどのように抽出するかが重要である．特に重要な点として，母集団を構成するどの固体も標本に選ばれる確率が同じである必要がある．一般的には標本が r 個の個体を含むとき，母集団の個体のどの r 個の組合せも標本に選ばれる確率が同じである．

たとえば，有権者の 60％ が政治家 A 氏の表決に同意するという仮説を考える．400 人の標本をとって調べるとすれば，この標本は，成功の確率が 0.6 のゲームを 400 回繰り返したのと同じになるので，$n = 400$, $p = 0.6$ の二項分布の問題（あるいは二項分布の正規近似の問題）となる．

無作為抽出によって得られた標本は，もとの母集団の縮図を与える．たとえば，鍋のスープの味見をする場合を考える．上澄みのみを味見しても意味がなく均等にかき混ぜて味見をしなければ意味がない．このように無作為抽出を行わなければ意味がない．そこで標本抽出を行う方法として**乱数表**，**乱数さい**，コンピュータを使う方法が挙げられる．

乱数表とは 0 から 9 までの数字を不規則に並べて，各数字の現れる確率が同じになるように工夫されている表のことである．図 2.2 に示すように，目を閉じて乱数表に鉛筆を立て，鉛筆の先があたった数字から，3 つずつ区切って 3 けたの乱数をつくる．図にあるように 19 の場所に鉛筆の先があたったので，19, 90, 21 の数字について考える．19 と次の数字の 90 の

乱数表

199 021
抽出された番号は199と21

図 2.2 乱数表を用いた例

図 2.3 乱数さい
写真提供：有限会社イーディーエー

十の位の9を組み合わせた199の数字と，90の一の位の0と21を組み合わせて021となるので21の数字が抽出される．

　乱数さいとは図2.3にあるように，正二十面体の各面に，0から9までの数字が2回ずつ書き込まれたさいころのことである．3個の乱数さいを用意し，それぞれのさいころについて，出た目の数を百，十，一のどの位にするかを決めて乱数さいをふり，出た目の数から3けたの数をつくることができる．

　乱数表や乱数さいを利用して乱数をつくる方法では，多量の乱数が必要な場合，時間がかかり，不便である．そこで，コンピュータを使って計算によって乱数を作成する方法がある．この乱数は，計算で作成されるから，真の意味の乱数ではないので，**疑似乱数 (pseudorandom number)** と呼ばれる．しかし，疑似乱数であっても，統計処理にはあまり影響がないので，多くのところで利用されている．

　疑似乱数発生の例として，パソコンの主な表計算ソフトである **Excel** などを用いてランダムな値を発生させる方法がある．RAND関数を用いて0以上1未満の乱数を発生させ，必要な範囲の標本をつくるために発生した値を掛け合わせることで必要な個数の標本を作成することができる．たとえば，1以上300以下の標本を作成したい場合は，図2.4のように「=INT(RAND()*300+1)」とすることで標本をつくることができる．

　表計算ソフトの乱数発生方法は以下の通りである．

① RAND() … 0以上1未満の乱数を発生させる．

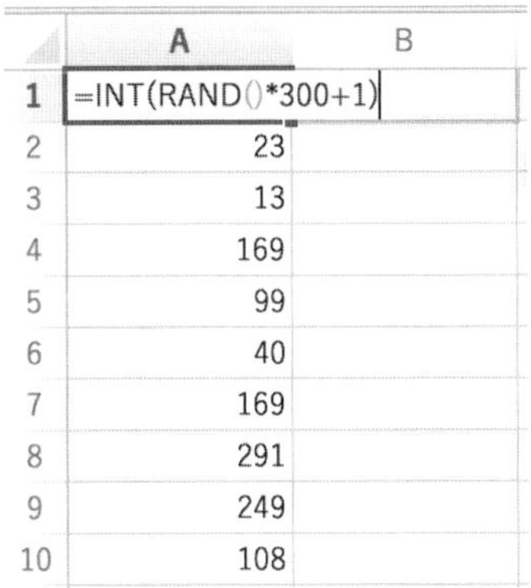

	A	B
1	=INT(RAND()*300+1)	
2	23	
3	13	
4	169	
5	99	
6	40	
7	169	
8	291	
9	249	
10	108	

図 2.4　表計算ソフトを用いた乱数発生の例

② INT(数値) … 数値の小数点以下を切り捨てて整数にする.
③ INT(RAND() ∗ 300 + 1) … 0 以上 1 未満の乱数を発生させ，300 倍して 1 を加える．その後，小数点以下を切り捨てて整数にする．

　単純無作為抽出は，母集団が大きい場合には実施が難しいことが多くある．そこで，実際の調査では他の方法が用いられる．

　たとえば，**系統抽出法 (systematic sampling)** は個体を 1 列に並べ，最初の個体を決めた後，等間隔に個体を選ぶ方法である．他にも，**2 段抽出法 (two-stage sampling)** は，標本抽出を 2 段階に分ける．たとえば，中学生が母集団であるとき，最初に中学校を選び，選ばれた中学校の中から生徒を選ぶ方法である．

　しかし，実際には，無作為に選んだ個体すべてからデータが得られるとは限らない．すべての人が調査に協力することはないためである．たとえば，政治に関する調査で，政治に興味のない人は協力しない可能性が高い．そして，結果として残った人は，すでに無作為標本ではなく，なんらかの偏りがあるかもしれない．たとえば，特定の団体が行う調査では，その団体に対して一定以上の好意がある人だけが残る可能性がある．

　このように，無作為抽出法でない標本抽出法を，**有意抽出法 (purposive selection)** と呼ぶ．有意抽出法は，標本誤差の大きさを評価できないとい

う欠点がある．評価はできないが，無作為抽出よりも誤差は大きいと考えられる．また，有意抽出の利点は，無作為抽出よりも少ない手間と費用で実施できることが挙げられる．有意抽出法の例として，紹介法，応募法，出口調査などがある．

　紹介法は，知人，同僚，友人など，調査に協力してくれそうな人を標本とする方法であり，応募法は，愛読者カードや募集に応じたモニターなど，自発的に応募してきた人を標本とする方法である．そして，出口調査は，選挙当日に投票所から出てきた有権者に，どの政党（あるいは候補者）に投票したかをたずねる方法である．

【まとめ】

標 本 抽 出：母集団から標本を取り出すこと．
無作為抽出：母集団を構成するどの個体も，標本に選ばれる確率が同じに
　　　　　　なる標本抽出法．

　この節のはじめに述べた二項分布の正規近似について補足する．

　第1.3.1項で述べたように，「1回の試行で事象 A が起こる確率が p であるとき，n 回の独立試行で A が起こる回数 X は確率変数であり，その確率分布は母数 (n, p) の二項分布に従う」と述べた．また，第1.3.2項では，「二項分布の平均は $E[X] = np$，二項分布の分散は $V[X] = np(1-p)$」，さらに，第1.3.4項では，「二項分布が正規分布で近似できるならば，確率変数 X が母数 (n, p) に従う二項分布は $N(np, np(1-p))$ の正規分布に従うと考えてよい．また，二項分布の確率変数 X を $Z = (X - np)/\sqrt{np(1-p)}$ に変数変換することによって，確率変数 Z は $N(0, 1)$ の標準正規分布に従うと考えてよい」と述べた．

　これらは第1章で述べたことを復習したものであるが，ここで述べたことは，たとえば，ある集団に属する1000人が，ある課題に対して，賛成か反対の意見を求められたとする．このとき，1人の賛成に対して $X_i = 1(i = 1, 2, \cdots, 1000)$，反対に対して $X_i = 0(i = 1, 2, \cdots, 1000)$ を対応させるとする．たとえば，900人が賛成，100人が反対であったとす

れば，X_i の合計 $X = \sum_{i=1}^{1000} X_i$ は 900 になる．1000 人に対する賛成の比率を p とすると $p = 900/1000 = 0.9$，また，反対の比率を q とすれば，$q = 100/1000 = 0.1$ である．この X は確率変数であり母数 $(1000, 0.9)$ の二項分布に従うことがわかる．

この例のような二者択一的な性質を持つ母集団を**二項母集団**といい，p を**母集団比率**（この例では 0.9）または**母比率**という．いま，$\hat{p} = X/n$ とおくとき，$\hat{p}$ は二項母集団から n 個の個体を抽出したとき，ある属性を持つ個体の合計 X の n に対する比率（p の近似値）を意味する．この $\hat{p}$ を**標本比率**といい，$Z = (X - np)/\sqrt{np(1-p)}$ は，$\hat{p}$ を用いると，次のように変形される．

$$Z = \frac{\frac{1}{n}(X - np)}{\frac{1}{n}\sqrt{np(1-p)}} = \frac{\frac{X}{n} - p}{\sqrt{p(1-p)/n}} = \frac{\hat{p} - p}{\sqrt{p(1-p)/n}}$$

Z は，n が大きければ，近似的に標準正規分布 $N(0,1)$ に従う．この関係式は後に，区間推定，仮説検定の統計量として使われる．

2.4 データの分類

データには連続型と離散型の 2 種類のデータがある．**連続型変数 (continuous variable)** とは潜在的に，ある範囲の実数をすべてとりうるものである．たとえば，長さ，重さ，温度，時間などとなる．身長のような長さは 160 cm，161 cm というわけでなく，160.1 cm もあり，160.06 cm もある．このようにある数値から別の数値までの間に無限に数値が存在する場合のデータを連続型変数という．学力テストの点数も一見，整数値しか現れないように思うが，これは測定の限界のためであって，実際には連続型変数である．これに対して，**離散型変数 (discrete variable)** とは整数値のみをとるものである．たとえば，性別，人種，好き嫌いなどの分類別の数，1 日あたりの自動車事故の数，各世帯における子どもの数などとなる．

推測統計を行う前に，データについてよく知り，見ることがとても重要である．不適切な測定の発見，異常値や入力ミスの発見が必要である．これらを確認するためにも度数分布表をつくり，ヒストグラムを作成して分

布の特徴を把握することは重要である（第 1 章を参照）.

【まとめ】

連続型変数：潜在的に，ある範囲の実数すべてをとりうる（例：長さ，重
　　　　　　さ，温度，時間）．しかし，測定限界のため，整数値しか現れ
　　　　　　ないこともある（例：学力テストの得点）.

離散型変数：整数値のみをとる（例：1 日あたりの自動車事故の数，各世
　　　　　　帯における子どもの数）.

　　第 2.1 節〜第 2.4 節では母集団についてと，さらに，母集団からの標本
の取り出し方についてなどを詳しく述べた．以下の節では，「母集団が持
つ 1 つの性質である確率」と「取り出されたデータ（標本）」を関係づける
数理的記述について述べる.

　　標本（母集団からの 1 組のデータ＝母集団からの実現値 $(x_1, x_2, \cdots, x_n)$）
はある確率を持って抽出されるはずである，すなわち，母集団には，他
にも抽出されることが可能な多くの個体があり，それらは皆，ある確
率を持って抽出される．$(x_1, x_2, \cdots, x_n)$ のそれぞれが持つ確率変数を
$(X_1, X_2, \cdots, X_n)$ とすれば，$(x_1, x_2, \cdots, x_n)$ は $(X_1, X_2, \cdots, X_n)$ の中の
1 組のデータ（実現値）に過ぎない.

　　統計学では，このデータ（標本）から何か（母集団を特徴づける母平
均，母分散，…）を推定，検定する．一般に特別な場合を除いて，この
データのみから「何か」を推し測ることはできない．そこで，確率変数
$(X_1, X_2, \cdots, X_n)$ の関数となるある量＝統計量をまず初めに定義し，これ
を足掛かりに，「何か」を推し測る手がかりにする.

　　（注意：以下に述べる数式展開は，すべて，ある確率変数をもとに関係づ
けられている）

　　そこで，まず第 2.5 節において，統計学の中枢となる統計量（標本平均
$\bar{X}$，標本分散 S^2，不偏分散 U^2）を定義している．これらの統計量は確率
変数 $(X_1, X_2, \cdots, X_n)$ の関数である．しかし，まだ，これだけでは，「何
か」を推し測るには不十分である．そこで，第 2.6 節では，新たに設定し

た統計量が，ある確率密度関数（確率分布：カイ二乗分布，F 分布，t 分布）に従っていれば，この確率分布（確率分布表）を使って，「何か」が推し測れることを説明する．

これだけでは，まだ「何」が推し測れるか具体的にはわからないので，さらに第 2.7 節と第 2.8 節において，それぞれの確率分布（正規分布，カイ二乗分布，F 分布，t 分布）に従った統計量を使って，「何か」を求める数式理論を展開する．また，理論だけでは理解し難いので，【例】を通して数値計算することによって，より理解できるようにしている．

これらは「確率と統計を結びつける」最も重要な部分である．統計学の中枢になるところでもあるのでしっかり理解してほしい．

2.5 標本抽出と統計量

ここでは，無作為抽出を行った標本とその**統計量**について考える．

まず初めに，母集団からの無作為抽出に関する事柄を数量化する．ある母集団から大きさ n の無作為標本 $(x_1, x_2, \cdots, x_n)$ を N 回繰り返して抽出したとすれば，それぞれの抽出で $(x_1, x_2, \cdots, x_n)$ はある確率を持って抽出されるはずである．このとき，$(x_1, x_2, \cdots, x_n)$ の確率変数をそれぞれ $(X_1, X_2, \cdots, X_n)$ で表すと，$(x_1, x_2, \cdots, x_n)$ は母集団から抽出された確率変数 $(X_1, X_2, \cdots, X_n)$ の値であり，これらを $(X_1, X_2, \cdots, X_n)$ の**実現値**という．また，$(X_1, X_2, \cdots, X_n)$ は母集団からの無作為標本であるから互いに独立であり，かつ，母集団分布に従うと考えてよい．

次に，$(X_1, X_2, \cdots, X_n)$ を関数とする以下の統計量を考える．

$$\bar{X} = \frac{1}{n} \sum_{i=1}^{n} X_i$$

$$S^2 = \frac{1}{n} \sum_{i=1}^{n} (X_i - \bar{X})^2$$

$$U^2 = \frac{1}{n-1} \sum_{i=1}^{n} (X_i - \bar{X})^2 = \frac{n}{n-1} S^2$$

これらの $\bar{X}, S^2, U^2$ を，それぞれ $(X_1, X_2, \cdots, X_n)$ の**標本平均 (sample** mean), **標本分散 (sample variance)**, **不偏分散 (unbiased variance)** といい, これらは $(X_1, X_2, \cdots, X_n)$ の関数であり統計量である.

また, 標本平均 $\bar{X}$, 標本 分散 S^2, 不偏分散 U^2 のそれぞれの実現値を小文字 $\bar{x}$, s^2, u^2 で表す.

母集団からの無作為標本 $(X_1, X_2, \cdots, X_n)$ は互いに独立であり, かつ, 母集団分布に従うので, 母集団の平均 (**母平均 (population mean)** という) を μ, 分散 (**母分散 (population variance)** という) を σ^2 とするとき,

$$E[X_i] = \mu, \ V[X_i] = \sigma^2 \quad (i = 1, 2, \ldots, n)$$

となる. すなわち, $X_1, X_2, \cdots, X_n$ のそれぞれの平均は母集団の平均 μ に等しく, $X_1, X_2, \cdots, X_n$ のそれぞれの分散は母集団の分散 σ^2 に等しい. このことから, 次の関係が成り立つ.

$$E[\bar{X}] = \frac{1}{n} \sum_{i=1}^{n} E[X_i] = \mu$$

$$V[\bar{X}] = \frac{1}{n^2} \sum_{i=1}^{n} V[X_i] = \frac{\sigma^2}{n}$$

ここで, 未知母数を推定するための統計量を**推定量**という. したがって, $\bar{X}$ は μ の推定量である.

また, 推定量の平均が推定すべき未知母数に等しい推定量を**不偏推定量 (unbiased estimator)** という.

すなわち, 平均が μ, 分散 が σ^2 である母集団から大きさ n の無作為標本 $(X_1, X_2, \cdots, X_n)$ を抽出したとき, 標本平均 $\bar{X}$ に対して, $\bar{X}$ の平均は $E[\bar{X}] = \mu$ となり, $\bar{X}$ は μ の不偏推定量であることがわかる. また, $\bar{X}$ の分散は $V[\bar{X}] = \sigma^2/n$ となる.

標本推定値の精度については様々な側面がある. たとえば, 推定値が偏りを持っているか否かを, 母数の推定値が母数にどの程度近いかについて考えるとき, 平均 μ を持つ母集団から大きさ n の無作為標本をとる実験では, この実験を数多く行い, そのとき得られた多数の X_i の値からの $\bar{X}$ の分布の平均は $E[\bar{X}] = \mu$ に近づくことが期待される.

次に，標本分散 S^2，不偏分散 U^2 の平均を求める．

標本分散 S^2 の平均は，標本分散 S^2 の定義式

$$S^2 = \frac{1}{n} \sum_{i=1}^{n} (X_i - \bar{X})^2 = \frac{1}{n} \sum_{i=1}^{n} X_i^2 - \bar{X}^2$$

より

$$E[S^2] = E\left[\frac{1}{n} \sum_{i=1}^{n} X_i^2 - \bar{X}^2\right] = \frac{1}{n} \sum_{i=1}^{n} E[X_i^2] - E[\bar{X}^2]$$

$V[X_i] = E[X_i^2] - (E[X_i])^2$ より，

$$E[X_i^2] = V[X_i] + (E[X_i])^2 = \sigma^2 + \mu^2$$

$$E[\bar{X}^2] = V[\bar{X}] + (E[\bar{X}])^2 = \frac{\sigma^2}{n} + \mu^2$$

これより，標本分散 S^2 の平均は次のようになる．

$$E[S^2] = \frac{n-1}{n} \sigma^2$$

不偏分散 U^2 の平均は，不偏分散の定義式

$$U^2 = \frac{1}{n-1} \sum_{i=1}^{n} (X_i - \bar{X})^2 = \frac{n}{n-1} S^2$$

より，

$$E[U^2] = E\left[\frac{n}{n-1} S^2\right] = \sigma^2$$

となって，不偏分散 U^2 の平均は母分散 σ^2 に等しいことがわかる．

また，標本分散 S^2 の平均は母分散 σ^2 より小さいことがわかる．したがって，この S^2 で母分散 σ^2 を計ることには無理がある．そこで，S^2 に代わるものが不偏分散 U^2 である．それは，U^2 の平均が母分散 σ^2 に等しく，U^2 は母分散 σ^2 の不偏推定量であるからである．一方，S^2 は母分散 σ^2 の不偏推定量ではない．$\bar{X}$ が μ の不偏推定量であること，U^2 が母分散 σ^2 の不偏推定量であること．これらが，S^2 ではなく，$\bar{X}$ や U^2 を使って統計量を設定する理由である．

母集団から無作為標本をとる目的は母集団分布に関する情報を得るためである. **経験度数分布**は母集団を表現している確率分布の標本推定値であり, 標本平均 $\bar{x}$ や不偏分散 u^2 は母集団確率分布の特性値（**母数**）である μ や σ^2 の標本推定値（**実現値**）である. ここで, 母数とは, 母集団の確率分布を特徴づける特性値のことである. 正規分布においては平均と分散であり, 二項分布においては試行回数と成功確率となる.

ここで, 母集団と標本で用いる主な記号一覧を表 2.1 に示す.

表 2.1　母集団と標本で用いる主な記号一覧

母集団	母　　平　　均	μ
	母　　分　　散	σ^2
	母集団標準偏差	σ
標本 （統計量, 実現値）	標　本　平　均	$\bar{X}, \bar{x}$
	標　本　分　散	S^2, s^2
	標　本　標　準　偏　差	S, s
	不　偏　分　散	U^2, u^2
	不　偏　標　準　偏　差	U, u

注意：U の名称に明確な定めはない. さらには, 標本分散 S^2 と不偏分散 U^2, 標本標準偏差 S と不偏標準偏差 U についても, 異なる定義と名称がある. このことは英語の表記についても同様である. 本書では標本分散と不偏分散の違いを明確にするため上記表の記号に従う. 他の文献（特に, インターネット上の独自性のある資料）を見るときには注意が必要である. 記号表記の約束事として母集団はギリシャ文字, 確率変数は大文字 ($\bar{X}, U^2, \cdots$), 確率変数の実現値は小文字 ($\bar{x}, u^2, \cdots$) で書くことになっている.

【例 2.2】　ある大手学習塾の塾生から無作為に 100 人の塾生を抽出し, 1 週あたりの学習時間を調査した. 次の度数分布表はその結果を示すものである. これらのデータを用いて (1) 平均, (2) 不偏標準偏差を求めよ.

学習時間 x_i	11	14	17	20	23	26	29	32	35	38	41	44	47	50	53
度　数 f_i	2	1	2	1	6	7	11	12	12	17	19	9	0	0	1

[解]

(1)　平均　　$\displaystyle \bar{x} = \frac{f_1 x_1 + f_2 x_2 + \cdots + f_{15} x_{15}}{100}$

$$= \frac{1}{100} \sum_{i=1}^{15} f_i x_i = 34.07 \quad \left(\sum_{i=1}^{15} f_i = n = 100 \right)$$

(2)　不偏標準偏差　$u = \sqrt{\dfrac{1}{99} \sum_{i=1}^{15} f_i(x_i - \bar{x})^2} = 7.9$　　□

2.6　各種分布と統計量

区間推定と仮説検定において使用される各種分布とその統計量について述べる．二項分布と正規分布については，すでに，第 1 章において述べられているので，その他の分布であるカイ二乗分布，F 分布，t 分布についてその概要を述べる．

2.6.1　カイ二乗分布

連続型確率変数 $\chi^2 > 0$ の確率密度が，次の関数

$$f(\chi^2) = \frac{1}{2^{\frac{n}{2}} \Gamma(\frac{n}{2})} (\chi^2)^{\frac{n}{2}-1} e^{-\frac{\chi^2}{2}}$$

で表されるとき，χ^2 は自由度 n の**カイ二乗分布 (chi-square distribution)** に従うという．ここで，$\Gamma(\frac{n}{2})$ はガンマ関数 $\int_0^\infty e^{-x} x^{\frac{n}{2}-1} dx$ である．図 2.5 はカイ二乗分布である．

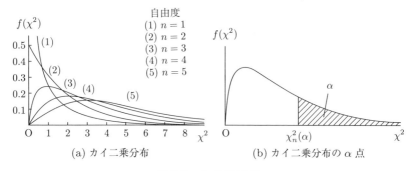

図 2.5　カイ二乗分布

カイ二乗分布には次の性質がある．

(1)　正規母集団 $N(0,1)$ から抽出された大きさ n の標本 $(X_1, X_2, \cdots, X_n)$ に対して，統計量

$$\chi^2 = \sum_{i=1}^{n} X_i^2$$

は自由度 n のカイ二乗分布に従うことが知られている.

$n = 1$ のとき,

$$\chi^2 = X^2$$

は自由度 1 のカイ二乗分布に従う.

(2) (1) より，正規母集団 $N(\mu, \sigma^2)$ から抽出された大きさ n の標本 $(X_1, X_2, \cdots, X_n)$ に対して，統計量

$$\chi^2 = \frac{1}{\sigma^2} \sum_{i=1}^{n} (X_i - \mu)^2$$

は自由度 n のカイ二乗分布に従う.

$n = 1$ のとき,

$$\chi^2 = \frac{1}{\sigma^2}(X - \mu)^2$$

は自由度 1 のカイ二乗分布に従う.

(3) $\bar{X}$ が正規母集団 $N(0, 1)$ から抽出された大きさ n の標本 $(X_1, X_2, \cdots, X_n)$ の標本平均であるとき，統計量

$$\chi^2 = \sum_{i=1}^{n} (X_i - \bar{X})^2$$

は自由度 $(n - 1)$ のカイ二乗分布に従う.

自由度が $(n - 1)$ になる理由は,

$$\bar{X} = \frac{1}{n} \sum_{i=1}^{n} X_i$$

より，$(X_1, X_2, \cdots, X_n)$ の n 個の中の $n - 1$ 個が独立であるためである.

(4) $\bar{X}$ が正規母集団 $N(\mu, \sigma^2)$ から抽出された大きさ n の標本 $(X_1, X_2, \cdots, X_n)$ の標本平均であるとき，統計量

$$\chi^2 = \frac{1}{\sigma^2} \sum_{i=1}^{n} (X_i - \bar{X})^2$$

は自由度 $(n-1)$ のカイ二乗分布に従う.

(5) U^2 が正規母集団 $N(\mu, \sigma^2)$ から抽出された大きさ n の標本 $(X_1, X_2, \cdots, X_n)$ の不偏分散であるとき, (4) より, 統計量

$$\chi^2 = \frac{n-1}{\sigma^2} U^2$$

は自由度 $(n-1)$ のカイ二乗分布に従う.

ここで, カイ二乗分布表の見方を示す.

χ^2 が自由度 n のカイ二乗分布に従うとき,

$$P(\chi^2 \geq \chi_0^2) = \alpha \quad (0 < \alpha < 1)$$

を満たす χ_0^2 を $\chi_n^2(\alpha)$ で表し, $\chi_n^2(\alpha)$ を自由度 n のカイ二乗分布の **α 点**という. 付表 2 のカイ二乗分布表は自由度 n と α の組に対する α 点 $(\chi_n^2(\alpha))$ の値を示す.

【例 2.3】

① 自由度 $n=5$, $\alpha = 0.975$ のとき, $\chi_5^2(0.975) = 0.831212$

② 自由度 $n=3$, $\chi_3^2(\alpha) = 7.814728$ のとき, $\alpha = 0.05$

③ 自由度 $n=8$, $\chi_8^2(\alpha) = 1.500$ のとき, α は $0.975 < P(\chi_8^2 > 1.500) < 0.995$ の範囲にある.

2.6.2 *F* 分布

連続型確率変数 $F > 0$ の確率密度が, 次の関数

$$f(F) = \frac{\Gamma\left(\frac{n_1+n_2}{2}\right)}{\Gamma\left(\frac{n_1}{2}\right)\Gamma\left(\frac{n_2}{2}\right)} \left(\frac{n_1}{n_2}\right)^{\frac{n_1}{2}} F^{\frac{n_1-2}{2}} \left(1 + \frac{n_1}{n_2}F\right)^{-\frac{n_1+n_2}{2}} \quad (F > 0)$$

で表されるとき, F は自由度 $[n_1, n_2]$ の **F 分布 (F distribution)** に従うという.

図 2.6 に F 分布を示す.

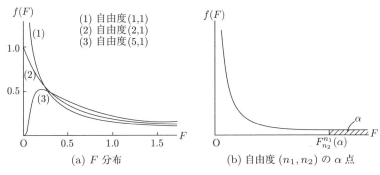

図 **2.6** F 分布

F 分布には次の性質がある.

(1) U^2 と $\bar{X}$ が, それぞれ, 正規母集団 $N(\mu, \sigma^2)$ から抽出された大きさ n の標本 $(X_1, X_2, \cdots, X_n)$ に対しての不偏分散と標本平均であるとき, 統計量

$$F = \frac{(\bar{X} - \mu)^2}{U^2/n}$$

は自由度 $[1, n-1]$ の F 分布に従うことが知られている.

(2) 母分散の等しい 2 つの正規母集団 $N(\mu_1, \sigma^2)$, $N(\mu_2, \sigma^2)$ から, それぞれ, 大きさ n_1, n_2 の標本を抽出したときの, それぞれの不偏分散を U_1^2, U_2^2 とすれば, 統計量

$$F = \frac{U_1^2}{U_2^2}$$

は自由度 $[n_1 - 1, n_2 - 1]$ の F 分布に従う.

(3) 互いに独立な 2 つの確率変数 χ_1^2 と χ_2^2 が, それぞれ, 自由度 n_1, n_2 のカイ二乗分布に従うとき, 統計量

$$F = \frac{\chi_1^2/n_1}{\chi_2^2/n_2}$$

は自由度 $[n_1, n_2]$ の F 分布に従う.

ここで，F 分布表の見方を示す.

F が自由度 $[n_1, n_2]$ の F 分布に従うとき，

$$P(F \geq F_0) = \alpha \quad (0 < \alpha < 1)$$

を満たす F_0 を $F_{n_2}^{n_1}(\alpha)$ で表し，$F_{n_2}^{n_1}(\alpha)$ を自由度 $[n_1, n_2]$ の F 分布の **α 点**という. 付表3.1，3.2 の F 分布表は自由度 $[n_1, n_2]$ と α の組に対する α 点 ($F_{n_2}^{n_1}(\alpha)$) の値を示す.

【例 2.4】

① $\alpha = 0.05$ のとき，$n_1 = 3, n_2 = 7$ では，$F_7^3(\alpha) = 4.35$

② $\alpha = 0.01$ のとき，$n_1 = 3, n_2 = 7$ では，$F_7^3(\alpha) = 8.45$

③ $n_1 = 3, n_2 = 7$ のとき，たとえば，$F_7^3(\alpha) = 6.45$ に対して，α は $0.01 < P(F_7^3 > 6.45) < 0.05$ の範囲にある.

2.6.3　t 分布

t 分布は，正規分布から抽出された標本から計算される t 統計量の分布である.

連続型確率変数 $T(-\infty < T < \infty)$ の確率密度が，次の関数

$$f(T) = \frac{\Gamma\left(\frac{n+1}{2}\right)}{\sqrt{\pi n}\,\Gamma\left(\frac{n}{2}\right)} \left(1 + \frac{T^2}{n}\right)^{-\frac{n+1}{2}}$$

で表されるとき，T は自由度 n の **t 分布 (t distribution)** に従うという. 図 2.7 に t 分布を示す.

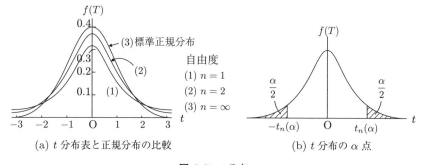

(a) t 分布表と正規分布の比較　　(b) t 分布の α 点

図 2.7　t 分布

t 分布には次の性質がある.

(1) $T^2 = F$ が自由度 $[1, n]$ の F 分布に従うならば,T は自由度 n の t 分布に従うことが知られている.この逆もまた真である.このことから,第 2.6.2 項　F 分布の性質 (1) より,統計量

$$T = \frac{\bar{X} - \mu}{\sqrt{U^2/n}}$$

は自由度 $n - 1$ の t 分布に従う.

(2) t 分布の曲線は縦軸に対して対称であり,自由度 n が大きくなるにつれて標準正規分布に近づく(図 2.7).

ここで,t 分布表の見方を示す.

T が自由度 n の t 分布に従うとき,

$$P(|T| \geq t_0) = \alpha \quad (0 < \alpha < 1)$$

を満たす t_0 を $t_n(\alpha)$ で表し,$t_n(\alpha)$ を自由度 n の t 分布の **α 点**という.付表 4 の t 分布表は自由度 n と α の組に対する α 点 $(t_n(\alpha))$ の値を示す.

分布表を見るときの注意点は,$P(|T| > t_n(\alpha)) = \alpha$ の定義は「α は $T < 0$ 側の確率 $P(T < -t_n(\alpha)) = \alpha/2$ と $T > 0$ 側の確率 $P(T > t_n(\alpha)) = \alpha/2$ の両側の確率を合計した値(片側の 2 倍の値)である」ことに注意が必要である.片側だけが対象の場合は,$P(T < -t_n(2\alpha)) = \alpha$,または,$P(T > t_n(2\alpha)) = \alpha$ となる.

【例 2.5】

① $t_5(0.05) = 2.571$

② $t_8(0.01) = 3.355$

参考:t 分布はスチューデントの t 分布とも呼ばれている.スチューデントとは William Sealy Gosset (1876〜1937) のペンネームのことである.彼はオックスフォード大学で数学と化学の学位を取得した.その頃,ギネスビール社は新しい科学技術導入を目指し,化学を専攻した学生を採用,Gosset はその 1 人(1899 年採用)である.ギネス社は機密保持のため論文発表を禁止していた.そのため,Gosset は Student のペンネームを使用して t 分布に関する論文 "The probable error of the mean" を書き,1908 年,*Biometrika* 誌に掲載された.

2.7 区間推定

母数とは母集団の確率分布を特徴づける特性値のことである．正規分布の特性値は，平均 μ と標準偏差 σ となる．また，二項分布の特性値は，試行回数 n と成功確率 p となる．これらの母数の推定値を求める方法として**点推定 (point estimate)** と**区間推定 (interval estimate)** の 2 つの方法がある．

点推定とは，標本値から求められる 1 つの数値で推定しようとする母数の近似値（**推定値**という）を求める方法である．区間推定は，標本値から得られる 2 つの数値が決める 1 つの区間で，その中に母数の値が含まれると期待される区間を求めるものである．すなわち，母数の点推定値の周りにこの母数がこの範囲には入るであろう「区間」を推定する．この区間は，たとえば，確率 0.95 で母数を含むという．この区間のことを**信頼区間 (confidence interval)** と呼び，CI と略記される（たとえば 95%信頼区間）．また，この 0.95 を**信頼係数 (confidence coefficient)** という．さらに，$\alpha = 1 - 0.95$ とおくと，信頼係数は $1 - \alpha$ で表せる．ある分布に従う確率変数 X に対して，信頼区間の上限の値 x_α が

$$P(X \geq x_\alpha) = \alpha \quad (0 < \alpha < 1)$$

を満たすとき，x_α をこの分布の α 点という．

区間推定の利点としては，点推定とは異なり，推定の精度を明示していることが挙げられる．本節では，各分布の代表的な推定区間について述べる．

2.7.1 カイ二乗分布による区間推定

●母平均 μ が未知の正規母集団についての母分散 σ^2 の区間推定

母平均 μ が未知の正規母集団についての母分散 σ^2 の区間推定を行う．

正規母集団 $N(\mu, \sigma^2)$ から得られた大きさ n の無作為標本 $(X_1, X_2, \cdots, X_n)$ の不偏分散を U^2 とするとき，不偏分散 U^2 に対して，統計量

$$\chi^2 = \frac{n-1}{\sigma^2} U^2$$

は自由度 $n - 1$ のカイ二乗分布に従う．

　信頼係数を $1-\alpha$ として，カイ二乗分布表から $(1-\alpha/2)$点 $\chi^2_{n-1}(1-\frac{\alpha}{2})$ と $\alpha/2$点 $\chi^2_{n-1}(\frac{\alpha}{2})$ を求める.

$$P\left(\chi^2 \geq \chi^2_{n-1}\left(1-\frac{\alpha}{2}\right)\right) = 1-\frac{\alpha}{2}$$
$$P\left(\chi^2 \geq \chi^2_{n-1}\left(\frac{\alpha}{2}\right)\right) = \frac{\alpha}{2}$$

これをもとに，次の関係式から，

$$P\left(\chi^2_{n-1}\left(1-\frac{\alpha}{2}\right) \leq \chi^2 \leq \chi^2_{n-1}\left(\frac{\alpha}{2}\right)\right) = 1-\alpha$$

U^2 の実現値 u^2 を用いると，次のように母分散 σ^2 の信頼区間が定まる.

$$\frac{(n-1)u^2}{\chi^2_{n-1}(\frac{\alpha}{2})} \leq \sigma^2 \leq \frac{(n-1)u^2}{\chi^2_{n-1}(1-\frac{\alpha}{2})}$$

2.7.2　F 分布による区間推定

●母分散 σ^2 が未知の場合の正規母集団の母平均 μ の区間推定

　母分散 σ^2 が未知の場合の正規母集団の母平均 μ の区間推定を行う.

　U^2 と $\bar{X}$ が，それぞれ，正規母集団 $N(\mu,\sigma^2)$ からの大きさ n の無作為標本 $(X_1, X_2, \cdots, X_n)$ に対しての不偏分散と標本平均であるとき，統計量

$$F = \frac{(\bar{X}-\mu)^2}{U^2/n}$$

は自由度 $[1, n-1]$ の F 分布に従う. 信頼係数を $1-\alpha$ として，F 分布表から，

$$P\left(\frac{(\bar{X}-\mu)^2}{U^2/n} \leq F^1_{n-1}(\alpha)\right) = 1-\alpha$$

α点 $F^1_{n-1}(\alpha)$ を求め，次の式を得る.

$$\bar{X} - U\sqrt{F^1_{n-1}(\alpha)/n} \leq \mu \leq \bar{X} + U\sqrt{F^1_{n-1}(\alpha)/n}$$

　これより，U^2, $\bar{X}$ の実現値 u^2, $\bar{x}$ を用いて，次のように母平均 μ の信頼区間が定まる.

$$\bar{x} - u\sqrt{F^1_{n-1}(\alpha)/n} \leq \mu \leq \bar{x} + u\sqrt{F^1_{n-1}(\alpha)/n}$$

2.7.3 t 分布による区間推定

●母分散 σ^2 が未知の場合の正規母集団の母平均 μ の区間推定

母分散 σ^2 が未知の場合の正規母集団の母平均 μ の区間推定を行う.

U^2 と $\bar{X}$ が, それぞれ, 正規母集団 $N(\mu, \sigma^2)$ からの大きさ n の無作為標本 $(X_1, X_2, \cdots, X_n)$ に対しての不偏分散と標本平均であるとき, 統計量

$$T = \frac{\sqrt{n}(\bar{X} - \mu)}{\sqrt{U^2}}$$

は自由度 $n-1$ の t 分布に従う. 信頼係数を $1-\alpha$ として, t 分布表から α 点 $t_{n-1}(\alpha)$ を求めると,

$$P(|T| \leq t_{n-1}(\alpha)) = P\left(\left|\frac{\sqrt{n}(\bar{X} - \mu)}{\sqrt{U^2}}\right| \leq t_{n-1}(\alpha)\right) = 1 - \alpha$$

次の式が得られる.

$$\bar{X} - \frac{\sqrt{U^2}}{\sqrt{n}}t_{n-1}(\alpha) \leq \mu \leq \bar{X} + \frac{\sqrt{U^2}}{\sqrt{n}}t_{n-1}(\alpha)$$

これより, U^2, $\bar{X}$ の実現値 u^2, $\bar{x}$ を用いて, 次のように母平均 μ の信頼区間が定まる.

$$\bar{x} - \frac{\sqrt{u^2}}{\sqrt{n}}t_{n-1}(\alpha) \leq \mu \leq \bar{x} + \frac{\sqrt{u^2}}{\sqrt{n}}t_{n-1}(\alpha)$$

2.7.4 正規分布による区間推定

●母分散 σ^2 が既知の場合の正規母集団の母平均 μ の区間推定

母分散 σ^2 が既知の場合の正規母集団の母平均 μ の区間推定を行う.

正規母集団から得られた大きさ n の無作為標本 $(X_1, X_2, \cdots, X_n)$ の標本平均 $\bar{X}$ は $N\left(\mu, \frac{\sigma^2}{n}\right)$ に従い, 統計量

$$Z = \frac{\sqrt{n}(\bar{X} - \mu)}{\sigma}$$

Z は標準正規分布 $N(0, 1)$ に従う. 信頼係数を $1-\alpha$ として, 正規分布表から,

$$P(Z \geq z_{\alpha/2}) = \alpha/2$$

$\alpha/2$ 点 $\pm z_{\alpha/2}$ を求めると, $-z_{\alpha/2} \leq Z \leq z_{\alpha/2}$ より次の式が得られる.

$$\bar{X} - \frac{\sigma}{\sqrt{n}}z_{\alpha/2} \leq \mu \leq \bar{X} + \frac{\sigma}{\sqrt{n}}z_{\alpha/2}$$

これより, $\bar{X}$ の実現値 $\bar{x}$ を用いて, 次のように母平均 μ の信頼区間が定まる.

$$\bar{x} - \frac{\sigma}{\sqrt{n}}z_{\alpha/2} \leq \mu \leq \bar{x} + \frac{\sigma}{\sqrt{n}}z_{\alpha/2}$$

●二項母集団からの母比率 p の区間推定

$\hat{P}$ が大きさ n の無作為標本 $(X_1, X_2, \cdots, X_n)$ の標本比率で, 標本の大きさ n が大きいとき, 中心極限定理 (例 2.6 の補足) より標本比率 $\hat{P}$ は近似的に正規分布 $N\left(p, \frac{p(1-p)}{n}\right)$ に従う.

したがって, 次の統計量

$$Z = \frac{\hat{P} - p}{\sqrt{p(1-p)/n}}$$

は標準正規分布 $N(0,1)$ に従う.

信頼係数を $1-\alpha$ として, 正規分布表から $\alpha/2$ 点 $\pm z_{\alpha/2}$ を求める.

$$P(Z \geq z_{\alpha/2}) = \alpha/2$$
$$P(Z \leq -z_{\alpha/2}) = \alpha/2$$
$$P(Z \geq z_{\alpha/2}) + P(Z \leq -z_{\alpha/2}) = \alpha$$

これより, 次の式が得られる.

$$\hat{P} - z_{\alpha/2}\sqrt{p(1-p)/n} \leq p \leq \hat{P} + z_{\alpha/2}\sqrt{p(1-p)/n}$$

$\hat{P}$ の実現値を $\hat{p}$, さらに母比率 p は未知のために, $\sqrt{}$ の中の p を $p \cong \hat{p}$ とおくと, 次のように母比率 p の信頼区間が定まる.

$$\hat{p} - z_{\alpha/2}\sqrt{\hat{p}(1-\hat{p})/n} \leq p \leq \hat{p} + z_{\alpha/2}\sqrt{\hat{p}(1-\hat{p})/n}$$

【例 2.6】 ある地方の生後 10 ヶ月の子どもの身長の平均は $\mu = 68\,\mathrm{cm}$, 分散は $\sigma^2 = 3^2$ であるという. この地方から大きさ $n = 25$ の無作為標本を

抽出し，その身長の標本平均を $\bar{X}$ とするとき，$\bar{X}$ の標本分布は後述の中心極限定理（補足参照）により，平均 $\mu = 68$，分散 $\sigma^2/n = 3^2/5^2$ の正規分布に従うと考えてよい．

標本平均（母集団平均の推定値）と母集団平均との誤差が $1\,\mathrm{cm}$ 以下である確率を求めよ．

[解] 統計量

$$Z = \frac{\sqrt{n}(\bar{X} - \mu)}{\sigma}$$

は標準正規分布 $N(0,1)$ に従う．

標本平均が $67\,\mathrm{cm}$ から $69\,\mathrm{cm}$ となる確率は，

$$z_0 = \frac{69 - 68}{3/5} \cong 1.67$$

より，正規分布表から，

$$P(0 \le Z \le z_0) = P(0 \le Z \le 1.67) \cong 0.453$$

$$P(0 \le Z \le 1.67) + P(-1.67 \le Z \le 0) \cong 2 \times 0.453 = 0.906$$

が得られ，標本平均が $67\,\mathrm{cm}$ から $69\,\mathrm{cm}$ の間をとる確率は 0.906 である．

□

補足：標本の大きさ n を無限大にすれば，標本平均の分散 σ^2/n は 0 になるので，大きな標本では，標本平均を母集団での真の平均とみなしてよいとする**大数の法則 (law of large numbers)** が定められている．また，母集団が正規分布でなくてもこの法則は成立する．他にも，標本から計算される割合についてもこの法則が成立する．たとえば，コイン投げについて，無限回行えば，表の出る相対度数は $1/2$ になる．

さらに，大きさ n の無作為標本 $(X_1, X_2, \cdots, X_n)$ が互いに独立で，平均 μ と分散 σ^2 がそれぞれともに等しく，かつ，n が大きいとき，標本平均 $\bar{X}$ は近似的に正規分布 $N\left(\mu, \frac{\sigma^2}{n}\right)$ に従うと考えてよい．これを**中心極限定理 (central limit theorem)** という．

例 2.6 はこの中心極限定理を使った例である．その他の例として，$\hat{P}$ が二項母集団から抽出した大きさ n の標本の標本比率であるとき，n が大きければ，$\hat{P}$ は近似的に正規分布 $N\left(p, \frac{p(1-p)}{n}\right)$ に従うと考えてよい，などがある．

【例 2.7】 確率変数 X が正規分布 $N(\mu, \sigma^2)$ に従うとき，次の確率を求めよ．

(1) $P(\mu - \sigma \leq X \leq \mu + \sigma)$ 　　(2) $P(\mu - 2\sigma \leq X \leq \mu + 2\sigma)$

(3) $P(\mu - 3\sigma \leq X \leq \mu + 3\sigma)$

[解]　統計量

$$Z = \frac{X - \mu}{\sigma}$$

は標準正規分布 $N(0, 1)$ に従うので,

(1) $P(\mu - \sigma \leq X \leq \mu + \sigma) = P(-1 \leq Z \leq 1) = P(|Z| \leq 1) = 0.682$

(2) $P(\mu - 2\sigma \leq X \leq \mu + 2\sigma) = P(-2 \leq Z \leq 2) = P(|Z| \leq 2) = 0.955$

(3) $P(\mu - 3\sigma \leq X \leq \mu + 3\sigma) = P(-3 \leq Z \leq 3) = P(|Z| \leq 3) = 0.997$

$\square$

【例 2.8】　パン工場でパンの重さを検査するために大きさ 15 の標本をとっ
て調べたところ, 重さの平均が 15.8g, 不偏分散 u^2 が 0.3^2 であった. パ
ン全体の平均重量に対する 95% 信頼区間を求めよ.

[解]　U^2 と $\bar{X}$ が, それぞれ, 正規母集団 $N(\mu, \sigma^2)$ からの大きさ n の無
作為標本 $(X_1, X_2, \cdots, X_n)$ に対しての不偏分散と標本平均であるとき,
統計量

$$T = \frac{\sqrt{n}(\bar{X} - \mu)}{\sqrt{U^2}}$$

は自由度 $n - 1$ の t 分布に従う. 信頼係数を $1 - \alpha = 0.95$ として, t 分布
表から α 点 $t_{n-1}(\alpha) = t_{14}(0.05) = 2.145$ が得られる.

$$P(|T| \leq t_{14}(0.05)) = P\left(\left|\frac{\sqrt{n}(\bar{X} - \mu)}{\sqrt{U^2}}\right| \leq t_{14}(0.05)\right) = 0.95$$

この式より, 次の関係が得られる.

$$\bar{X} - \frac{\sqrt{U^2}}{\sqrt{n}}t_{14}(0.05) \leq \mu \leq \bar{X} + \frac{\sqrt{U^2}}{\sqrt{n}}t_{14}(0.05)$$

これより, U^2, $\bar{X}$ の実現値 u^2, $\bar{x}$ を用いて, 次のように母平均 μ の信頼
区間が定まる.

$$\bar{x} - \frac{\sqrt{u^2}}{\sqrt{n}}t_{14}(0.05) \leq \mu \leq \bar{x} + \frac{\sqrt{u^2}}{\sqrt{n}}t_{14}(0.05)$$

$$15.8 - \frac{\sqrt{0.3^2}}{\sqrt{15}} \times 2.145 \leq \mu \leq 15.8 + \frac{\sqrt{0.3^2}}{\sqrt{15}} \times 2.145$$

$$15.634 \leq \mu \leq 15.966 \qquad \square$$

【例 2.9】 母分散 $\sigma^2(=11^2)$ が既知の場合の正規母集団の母平均 μ の区間推定を行う. この母集団から 100 人の学生を抽出して, 知能指数を測ったところ, 標本平均 $\bar{x} = 112$ が得られた. 母平均 μ を 95％区間推定せよ.

[解] 正規母集団から得られた大きさ n の無作為標本 $X_1, X_2, \cdots, X_n$ の標本平均 $\bar{X}$ は $N\left(\mu, \frac{\sigma^2}{n}\right)$ に従い, 統計量

$$Z = \frac{\sqrt{n}(\bar{X} - \mu)}{\sigma}$$

は標準正規分布 $N(0,1)$ に従う. 信頼係数を $1 - \alpha = 0.95$ として, 正規分布表から $\alpha/2$ 点 $\pm z_{\alpha/2}$ を求めると, $\pm z_{0.025} = \pm 1.96$ を得る.

$$\bar{X} - \frac{\sigma}{\sqrt{n}} z_{0.025} \leq \mu \leq \bar{X} + \frac{\sigma}{\sqrt{n}} z_{0.025}$$

これより, $\bar{X}$ の実現値 $\bar{x} = 112$ を用いて, 次のように母平均 μ の信頼区間が定まる.

$$112 - \frac{11}{10} \times 1.96 \leq \mu \leq 112 + \frac{11}{10} \times 1.96$$
$$109.8 \leq \mu \leq 114.2 \qquad \qquad \square$$

【例 2.10】 ある学力試験の受験者の中から, 無作為抽出で選んだ $n = 10$ 人の受験生の成績の不偏分散は $u^2 = 5.65$ であった. 全受験者の成績の母分散 σ^2 の 95％信頼区間を求めよ.

[解] 正規母集団 $N(\mu, \sigma^2)$ から得られた大きさ n の無作為標本 $(X_1, X_2, \cdots, X_n)$ の不偏分散を U^2 とするとき, 不偏分散 U^2 に対して, 統計量

$$\chi^2 = \frac{n-1}{\sigma^2} U^2$$

は自由度 $n - 1$ のカイ二乗分布に従う.

信頼係数を $1 - \alpha = 0.95$ $(\alpha = 0.05)$ として, カイ二乗分布表から $(1 - \alpha/2)$ 点 $\chi^2_{n-1}\left(1 - \frac{\alpha}{2}\right)$ と $\alpha/2$ 点 $\chi^2_{n-1}\left(\frac{\alpha}{2}\right)$ を求める.

$$P(\chi^2 \geq \chi^2_9(0.975)) = 0.975$$

より, $\chi^2_9(0.975) = 2.700$

$$P(\chi^2 \geq \chi^2_9(0.025)) = 0.025$$

より，$\chi_9^2(0.025) = 19.02$

これをもとに，次の関係式から，

$$P(\chi_9^2(0.975) \leq \chi^2 \leq \chi_9^2(0.025)) = 0.95$$

U^2 の実現値 u^2 を用いると，次のように，母分散 σ^2 の95%信頼区間が定まる．

$$\frac{(n-1)u^2}{\chi_{n-1}^2(\frac{\alpha}{2})} \leq \sigma^2 \leq \frac{(n-1)u^2}{\chi_{n-1}^2(1-\frac{\alpha}{2})}$$

$$\frac{9 \times 5.65}{19.02} \leq \sigma^2 \leq \frac{9 \times 5.65}{2.700}$$

$$2.67 \leq \sigma^2 \leq 18.83 \qquad \square$$

【例 2.11】　ある学力試験の受験者の中から，無作為抽出で選んだ $n = 10$ 人の受験生の成績の標本平均 $\bar{x}$ は 55.8 点で不偏分散は $u^2 = 2.14^2$ であった．全受験者の成績の母平均 μ の 95%信頼区間を求めよ．

[解]　正規母集団 $N(\mu, \sigma^2)$ からの大きさ n の無作為標本 $(X_1, X_2, \cdots, X_n)$ に対しての不偏分散が U^2 と標本平均が $\bar{X}$ であるとき，統計量

$$F = \frac{(\bar{X} - \mu)^2}{U^2/n}$$

は自由度 $[1, n-1]$ の F 分布に従う．

信頼係数を $1 - \alpha = 0.95$ $(\alpha = 0.05)$ として，F 分布表から，

$$P\left(\frac{(\bar{X} - \mu)^2}{U^2/n} < F_{n-1}^1(\alpha)\right) = 1 - \alpha$$

α 点 $F_{n-1}^1(\alpha)$ を求めると，次の式を得る．

$$\bar{X} - U\sqrt{F_{n-1}^1(\alpha)/n} \leq \mu \leq \bar{X} + U\sqrt{F_{n-1}^1(\alpha)/n}$$

これより，U^2 の実現値 u^2 と $F_{n-1}^1(\alpha) = F_9^1(0.05) = 5.12$ を用いて，次のように，母平均 μ の信頼区間が定まる．

$$\bar{x} - u\sqrt{\frac{F_9^1(0.05)}{n}} \leq \mu \leq \bar{x} + u\sqrt{\frac{F_9^1(0.05)}{n}}$$

$$55.8 - 2.14\sqrt{\frac{5.12}{10}} \leq \mu \leq 55.8 + 2.14\sqrt{\frac{5.12}{10}}$$

$$54.27 \leq \mu \leq 57.33 \qquad \square$$

2.8 仮説検定

統計学の世界では，母集団に対する仮説と検定が重要である．そこで，仮説と検定で必要ないくつかの用語について解説しておく．

仮説検定 (hypothesis testing)：

仮説検定とは「ある仮説に対して，それが正しいのか否かを統計学的に検証する」ことである．たとえば，サイコロを何度も転がすが1ばかり出て他の目が出ないとき，サイコロに何か仕掛けがほどこされているのではないかと疑い，統計的に検証することが可能である．

帰無仮説 (null hypothesis)：

たとえば，ある母集団の無作為標本から得られたBに対して，このBは他の母集団の特性Aに等しいという仮説（この場合は，B＝Aを調べる仮説）である．この仮説を帰無仮説といい，これを H_0 で表す．

対立仮説 (alternative hypothesis)：

仮説検定の実行者が主張したい仮説のことで，帰無仮説を否定（棄却）する仮説である．上の例では，BはAと等しくない $B \neq A$（**両側検定**），または，$B > A$（**右側検定**），$B < A$（**左側検定**）などの仮設を立て，これを H_1 で表す．

検定統計量 (test statistic)：

帰無仮説を棄却するかどうかの判断のために，標本から計算される**統計量**（無作為標本の，たとえば，$\bar{X}, S^2, U^2$ などの関数で表される量）のことである．

有意水準 (significance level)：

帰無仮説を棄却する基準となる確率のことで，α $(0 < \alpha < 1)$ で表し（例：$\alpha = 0.05$），危険率と呼ばれることもある．また，百分率で表現されることも多い（例：有意水準5%）．帰無仮説 H_0 が有意水準 α で棄却されるとき，対立仮説 H_1 は有意であるという．

棄却域 (rejection region)：

帰無仮説を棄却することになる検定統計量の値の集合（領域）のことである．

統計的仮設検定は以下の手順に従って行う.

① 帰無仮説 H_0 と対立仮説 H_1 を設定する.

② 帰無仮説 H_0 が正しいという仮定のもとで,検定に用いる検定統計量を定め,その分布を求める.

③ 帰無仮説 H_0 を棄却する有意水準 α を設定する.

④ 標本から検定統計量の実現値を求めて,その値が棄却域内にあれば,帰無仮説 H_0 を棄却し,対立仮説 H_1 を採択する.そうでなければ帰無仮説 H_0 は棄てられない(採択される).

検定にあたっての注意点:仮説検定の信頼性は絶対的なものではく,帰無仮説 H_0 が真であるにもかかわらず棄却される誤り(**第 1 種の過誤 (type I error)** という)がある.また,その逆に帰無仮説 H_0 が偽であるにもかかわらず採択される誤り(**第 2 種の過誤 (type II error)** という)がある.このことから,有意水準 α を危険率ともいう.

ここで,有意水準の設定について考える.一般的によく用いられる値は $\alpha=0.05$ (5%) である.5%水準では有意ではないが,10%水準では有意な検定統計量が得られたとき,**有意傾向 (marginally significant)** という表現をすることがある.

また,検定には**片側検定**と**両側検定**がある.これらは条件によりどちらを用いるか考える必要がある.

片側検定 (one-sided test) は,検定統計量の標本分布において,右側あるいは左側の一方だけに棄却域を設定する検定である.対立仮説が不等号で与えられる.

両側検定 (two-sided test) は,検定統計量の標本分布において,右側および左側の両方に棄却域を設定する検定.対立仮説は帰無仮説の否定となる.両側検定では,棄却域を分布の両側に設定するために,有意水準が α のとき,両片側にそれぞれ $\alpha/2$ の棄却域を設定する.

2.8.1　カイ二乗検定

●正規母集団について母分散 σ^2 の検定

正規母集団から大きさ n の無作為標本 $(X_1, X_2, \cdots, X_n)$ を抽出し，その不偏分散を U^2 とするとき，この正規母集団の母分散 σ^2 が σ_0^2 に等しい $(\sigma^2 = \sigma_0^2)$ と仮定すると，検定統計量

$$\chi^2 = \frac{n-1}{\sigma_0^2} U^2$$

は自由度 $n-1$ のカイ二乗分布に従う．

この検定統計量を使って，$\sigma^2 = \sigma_0^2$ が正しいか検定する．

帰無仮説 $H_0 : \sigma^2 = \sigma_0^2$ を設定して，対立仮説 H_1 を立て帰無仮説 H_0 が棄却されるか検定する．

以下，有意水準を α とする．

(1) 対立仮説 $H_1 : \sigma^2 \neq \sigma_0^2$ の場合（**両側検定**）

$$P(\chi^2 \geq \chi_{n-1}^2(\alpha/2)) = \alpha/2$$
$$P(\chi^2 \geq \chi_{n-1}^2(1 - \alpha/2)) = 1 - \alpha/2$$

より，$(1 - \alpha/2)$ 点を $\chi_{n-1}^2(1 - \alpha/2)$，$\alpha/2$ 点を $\chi_{n-1}^2(\alpha/2)$ とする．

χ^2 の実現値 χ_0^2 が，$\chi_{n-1}^2(1 - \alpha/2) < \chi_0^2 < \chi_{n-1}^2(\alpha/2)$ の範囲にあるとき，帰無仮説 H_0 は棄却されない．$\chi_0^2 \leq \chi_{n-1}^2(1 - \alpha/2)$ または $\chi_0^2 \geq \chi_{n-1}^2(\alpha/2)$ の範囲にあるとき帰無仮説 H_0 は棄却される．

(2) 対立仮説 $H_1 : \sigma^2 > \sigma_0^2$（**右側検定**）

$$P(\chi^2 \geq \chi_{n-1}^2(\alpha)) = \alpha$$

より，α 点を $\chi_{n-1}^2(\alpha)$ とする．

χ^2 の実現値 χ_0^2 に対して，$\chi_0^2 < \chi_{n-1}^2(\alpha)$ のとき帰無仮説 H_0 は棄却されない．$\chi_0^2 \geq \chi_{n-1}^2(\alpha)$ のとき帰無仮説 H_0 は棄却される．

(3) 対立仮説 $H_1 : \sigma^2 < \sigma_0^2$（**左側検定**）

$$P(\chi^2 \geq \chi_{n-1}^2(1 - \alpha)) = 1 - \alpha$$

より，$(1-\alpha)$ 点を $\chi^2_{n-1}(1-\alpha)$ とする.

χ^2 の実現値 χ^2_0 に対して，$\chi^2_0 \leq \chi^2_{n-1}(1-\alpha)$ のとき帰無仮説 H_0 は棄却され，$\chi^2_0 > \chi^2_{n-1}(1-\alpha)$ のとき帰無仮説 H_0 は棄却されない.

2.8.2 F 検定

● 2つの未知の母分散 σ_1^2, σ_2^2 が等しいかを検定

2つの正規母集団 $N(\mu_1, \sigma_1^2), N(\mu_2, \sigma_2^2)$ から，大きさが，それぞれ，n_1, n_2 の無作為標本を抽出して σ_1^2 と σ_2^2 がともに等しいか $(\sigma_1^2 = \sigma_2^2)$ を検定する.

帰無仮説 $H_0 : \sigma_1^2 = \sigma_2^2$ に対して，対立仮説 $H_1 : \sigma_1^2 \neq \sigma_2^2$ を立て帰無仮説 H_0 が棄却されるか検定する.

帰無仮説 $H_0 : \sigma_1^2 = \sigma_2^2$
対立仮説 $H_1 : \sigma_1^2 \neq \sigma_2^2$（両側検定）

帰無仮説 H_0 によれば $\sigma_1^2 = \sigma_2^2$ であるから，無作為標本の不偏分散を，それぞれ，U_1^2, U_2^2 とすれば，検定統計量

$$F = \frac{U_1^2}{U_2^2}$$

は自由度 $(n_1 - 1, n_2 - 1)$ の F 分布に従う.

仮説を有意水準 α で両側検定する.

次の定義式から $1 - \alpha/2$ 点と $\alpha/2$ 点を求めて，

$$P\left(F \geq F_{n_2-1}^{n_1-1}(1 - \alpha/2)\right) = 1 - \frac{\alpha}{2}$$
$$P\left(F \geq F_{n_2-1}^{n_1-1}(\alpha/2)\right) = \frac{\alpha}{2}$$

これらの式により棄却域を知ることができるので，統計量 F の実現値 $f_0 = u_1^2/u_2^2$ に対して，以下の関係

$$f_0 \leq F_{n_2-1}^{n_1-1}(1 - \alpha/2), \text{ または，} f_0 \geq F_{n_2-1}^{n_1-1}(\alpha/2)$$

が成り立てば，f_0 がこの棄却域内にあり，帰無仮説 $H_0 : \sigma_1^2 = \sigma_2^2$ は棄却される. $f_0 = u_1^2/u_2^2 > 1$ のときは，$f_0 > F_{n_2-1}^{n_1-1}(\alpha/2)$ を調べることになる.

(**統計量を設定するときの注意**：$f_0 = u_1^2/u_2^2 < 1$ のときは，初めから，検定統計量を $F = U_2^2/U_1^2$ に設定する)

また，f_0 が

$$F_{n_2-1}^{n_1-1}(1 - \alpha/2) < f_0 < F_{n_2-1}^{n_1-1}(\alpha/2)$$

この範囲内にあれば，帰無仮説 $H_0 : \sigma_1^2 = \sigma_2^2$ は棄却されない.

2.8.3　t 検定

●正規母集団の母分散 σ^2 が未知の場合の母平均 μ の検定

U^2 と $\bar{X}$ が，それぞれ，正規母集団からの抽出した大きさ n の無作為標本 $(X_1, X_2, \cdots, X_n)$ に対しての不偏分散と標本平均であるとき，この正規母集団の母平均 μ が μ_0 に等しいとすれば，検定統計量

$$T = \frac{\sqrt{n}(\bar{X} - \mu_0)}{\sqrt{U^2}}$$

は自由度 $n - 1$ の t 分布に従う.

母平均は $\mu = \mu_0$ として，これが正しいか検定する.

帰無仮説 $H_0 : \mu = \mu_0$ に対して，

(1) 対立仮説 $H_1 : \mu \neq \mu_0$（両側検定）を立て，有意水準 α で両側検定する.

t 分布表から α 点 $t_{n-1}(\alpha)$

$$P(|T| \geq t_{n-1}(\alpha)) = P\left(\left|\frac{\sqrt{n}(\bar{X} - \mu_0)}{\sqrt{U^2}}\right| \geq t_{n-1}(\alpha)\right) = \alpha$$

を求める. これより，

$$P(T \geq t_{n-1}(\alpha)) = P(T \leq -t_{n-1}(\alpha)) = \frac{\alpha}{2}$$

となる. T の実現値

$$t_0 = \frac{\sqrt{n}(\bar{x} - \mu_0)}{\sqrt{u^2}}$$

が，

$$-t_{n-1}(\alpha) < t_0 < t_{n-1}(\alpha)$$

の範囲にあれば，帰無仮説 H_0 は棄却されない．

$$t_0 \leq -t_{n-1}(\alpha), \quad \text{または，} \ t_0 \geq t_{n-1}(\alpha)$$

のいずれかの範囲にあれば，帰無仮説 H_0 は棄却される．

(2)　対立仮説 $H_1 : \mu > \mu_0$（右側検定）

　　有意水準 α で右側検定する．

　　$t_0 < t_{n-1}(2\alpha)$ のとき，帰無仮説 H_0 は棄却されない．

　　$t_0 \geq t_{n-1}(2\alpha)$ のとき，帰無仮説 H_0 は棄却される．

(3)　対立仮説 $H_1 : \mu < \mu_0$（左側検定）

　　有意水準 α で左側検定する．

　　$t_0 > -t_{n-1}(2\alpha)$ のとき，帰無仮説 H_0 は棄却されない．

　　$t_0 \leq -t_{n-1}(2\alpha)$ のとき，帰無仮説 H_0 は棄却される．

2.8.4　正規分布検定

●正規母集団の母分散 σ^2 が既知の場合の母平均 μ の検定

$\bar{X}$ が正規母集団から抽出された大きさ n の無作為標本 $(X_1, X_2, \cdots, X_n)$ に対しての標本平均であるとき，この正規母集団の母平均が $\mu = \mu_0$ であるとすれば，検定統計量

$$Z = \frac{\sqrt{n}(\bar{X} - \mu_0)}{\sigma}$$

は標準正規分布 $N(0, 1)$ に従う．

　母平均は μ_0 であるとして，これが正しいか検定する．

　帰無仮説 $H_0 : \mu = \mu_0$

　対立仮説 $H_1 : \mu \neq \mu_0$（両側検定）

に対して，有意水準 α で両側検定する．

　正規分布表から $\alpha/2$ 点 $\pm z_{\alpha/2}$ を求める．

$$P(Z \geq z_{\alpha/2}) = \alpha/2$$

$$P(Z \leq -z_{\alpha/2}) = \alpha/2$$

$$P(Z \geq z_{\alpha/2}) + P(Z \leq -z_{\alpha/2}) = \alpha$$

次の式から Z の実現値 z_0 を求め,

$$z_0 = \frac{\sqrt{n}(\bar{x} - \mu_0)}{\sigma}$$

z_0 が, $-z_{\alpha/2} < z_0 < z_{\alpha/2}$ の範囲にあれば, 帰無仮説 H_0 は棄却されない. $z_0 \leq -z_{\alpha/2}$, または, $z_{\alpha/2} \leq z_0$ の範囲にあれば帰無仮説 H_0 は棄却される.

● 2 つの正規母集団の母分散 σ_1^2, σ_2^2 が既知の場合の母平均の差 $\mu_1 - \mu_2$ の検定

大きさがそれぞれ, n_1, n_2 の 2 つの標本は, 母分散がそれぞれ既知 σ_1^2, σ_2^2 の 2 つの正規母集団 $N(\mu_1, \sigma_1^2), N(\mu_2, \sigma_2^2)$ から独立に無作為抽出したとする.

帰無仮説に 2 つの母平均の差は 0, 対立仮説にその否定をとり両側検定を行う.

帰無仮説 $H_0 : \mu_1 - \mu_2 = 0$

対立仮説 $H_1 : \mu_1 - \mu_2 \neq 0$

それぞれの標本平均を $\bar{X}, \bar{Y}$ とするとき, その差の平均は, 帰無仮説 H_0 が採択されれば,

$$E[\bar{X} - \bar{Y}] = E[\bar{X}] - E[\bar{Y}] = \mu_1 - \mu_2 = 0$$

となる. 分散は

$$V[\bar{X} - \bar{Y}] = V[\bar{X}] + V[\bar{Y}] = \frac{\sigma_1^2}{n_1} + \frac{\sigma_2^2}{n_2}$$

となり, $(\bar{X} - \bar{Y})$ は $N\left(0, \frac{\sigma_1^2}{n_1} + \frac{\sigma_2^2}{n_2}\right)$ に従う. したがって, 検定統計量

$$Z = \frac{\bar{X} - \bar{Y}}{\sqrt{\frac{\sigma_1^2}{n_1} + \frac{\sigma_2^2}{n_2}}}$$

は標準正規分布 $N(0, 1)$ に従う.

正規分布表から $\alpha/2$ 点 $\pm z_{\alpha/2}$ を求める.

$$P(Z \leq -z_{\alpha/2}) + P(Z \geq z_{\alpha/2}) = \alpha$$

Z の実現値 z_0 を求める.

$$z_0 = \frac{\bar{x} - \bar{y}}{\sqrt{\frac{\sigma_1^2}{n_1} + \frac{\sigma_2^2}{n_2}}}$$

z_0 が $-z_{\alpha/2} < z_0 < z_{\alpha/2}$ の範囲にあれば帰無仮説 H_0 は棄却されない. $z_0 \leq -z_{\alpha/2}$ または $z_{\alpha/2} \leq z_0$ の範囲にあれば帰無仮説 H_0 は棄却される.

●二項母集団からの母比率 p の検定

母比率は $p = p_0$ であるという仮説に対して，両側検定 $p \neq p_0$ を考える.

$\hat{P}$ が大きさ n の無作為標本 $(X_1, X_2, \cdots, X_n)$ の標本比率で，かつ，標本の大きさ n が大きいとき，中心極限定理より標本比率 $\hat{P}$ は近似的に正規分布 $N\left(p, \frac{pq}{n}\right)$ に従う $(q = 1 - p)$.

したがって，次の検定統計量

$$Z = \frac{\hat{P} - p_0}{\sqrt{\frac{p_0(1-p_0)}{n}}}$$

は標準正規分布 $N(0, 1)$ に従う.

帰無仮説 $\mathrm{H}_0 : p = p_0$

対立仮説 $\mathrm{H}_1 : p \neq p_0$

に対して，有意水準 α で両側検定する.

正規分布表から $\alpha/2$ 点 $\pm z_{\alpha/2}$ を求める.

$$P(Z \geq z_{\alpha/2}) = \alpha/2$$

$$P(Z \leq -z_{\alpha/2}) = \alpha/2$$

$$P(Z \geq z_{\alpha/2}) + P(Z \leq -z_{\alpha/2}) = \alpha$$

次の式から Z の実現値 z_0 を求め，

$$z_0 = \frac{\hat{P} - p_0}{\sqrt{p_0(1-p_0)/n}}$$

z_0 が $-z_{\alpha/2} < z_0 < z_{\alpha/2}$ の範囲にあれば，帰無仮説 H_0 は棄却されない．
$z_0 \leq -z_{\alpha/2}$ または $z_{\alpha/2} \leq z_0$ の範囲のとき，帰無仮説 H_0 は棄却される．

【例 2.12】 母集団比率 p の仮説検定を考える．

　メンデルの法則より黄色のエンドウ豆の割合は 3/4 である．ある畑の収穫で 224 個のエンドウ豆で，176 個が黄色となった．メンデルの法則に反しているのではないか．

[解] 標本の大きさ n が大きければ，二項分布は正規分布で近似できるので，

$$Z = \frac{\sqrt{n}(\hat{P} - p)}{\sqrt{pq}}$$

とおけば，確率変数 Z は近似的に標準正規分布 $N(0,1)$ に従う．

　　帰無仮説 $H_0 : p = 3/4$
　　対立仮説 $H_1 : p \neq 3/4$

に対して，有意水準 $\alpha = 0.05$ で両側検定する．

　正規分布表から $\alpha/2$ 点 $\pm z_{\alpha/2}$ を求めると，$\pm z_{0.025} = \pm 1.96$ を得る．

　次に，標本比率 $\hat{P} = 176/224 = 0.786$, $p = 3/4 = 0.750$ より，Z の実現値 z_0 を求める．

$$z_0 = \frac{\hat{P} - p}{\sqrt{p(1-p)/n}} = \frac{0.786 - 0.750}{\sqrt{0.750 \times 0.25/224}} = \frac{0.036}{0.029} = 1.241$$

$$- z_{0.025} < z_0 < z_{0.025}$$

この範囲にあり，帰無仮説 H_0 は棄却されない．

　したがって，メンデルの法則に反しているとはいえない．　　　□

【例 2.13】 寿命（時間）の母分散がそれぞれ $\sigma_1^2 = 90^2$ と $\sigma_2^2 = 80^2$ の A 銘柄と B 銘柄の電池から，それぞれ，大きさ 100 の標本をとってテストしたところ，平均寿命がそれぞれ $\bar{x}_1 = 1160$ と $\bar{x}_2 = 1140$ であった．2 つの銘柄の間で，平均寿命に差はあるのか確かめよ．

[解] 帰無仮説 H_0 には 2 つの母平均の差は 0，対立仮説 H_1 にはその否定をとる有意水準 5% の両側検定を行う．

帰無仮説 $H_0：\mu_1 - \mu_2 = 0$

対立仮説 $H_1：\mu_1 - \mu_2 \neq 0$

それぞれの標本平均を $\overline{X_1}$, $\overline{X_2}$ とするとき，その差の平均は，帰無仮説 H_0 が採択されれば，

$$E[\overline{X_1} - \overline{X_2}] = E[\overline{X_1}] - E[\overline{X_2}] = \mu_1 - \mu_2 = 0$$

となり，分散は

$$V[\overline{X_1} - \overline{X_2}] = V[\overline{X_1}] + V[\overline{X_2}] = \frac{\sigma_1^2}{n_1} + \frac{\sigma_2^2}{n_2}$$

となる．$(\overline{X_1} - \overline{X_2})$ は $N\left(0, \frac{\sigma_1^2}{n_1} + \frac{\sigma_2^2}{n_2}\right)$ に従い，検定統計量

$$Z = \frac{\overline{X_1} - \overline{X_2}}{\sqrt{\frac{\sigma_1^2}{n_1} + \frac{\sigma_2^2}{n_2}}}$$

は標準正規分布 $N(0,1)$ に従う．

正規分布表から $\alpha/2$ 点 $\pm z_{\alpha/2} = \pm 1.96$ となる．

Z の実現値 z_0 を求めると，

$$z_0 = \frac{\bar{x_1} - \bar{x_2}}{\sqrt{\frac{\sigma_1^2}{n_1} + \frac{\sigma_2^2}{n_2}}} = \frac{1160 - 1140}{\sqrt{\frac{90^2}{100} + \frac{80^2}{100}}} = 1.66$$

$$-1.96 < z_0 < 1.96$$

となり，帰無仮説 H_0 は棄却されない．

帰無仮説 H_1 は棄却され，2つの銘柄に差があるとはいえない．　　　□

【例 2.14】 おもちゃの飛行機の平均飛行距離は $340\,\mathrm{cm}$，新型の飛行機 10 個の平均飛行距離は $x = 360\,\mathrm{cm}$，不偏分散は $u^2 = 20^2$ である．新型の飛行機の走行距離はこれまでのものよりも平均飛行距離は長いと考えてよいか．

[解] U^2 と $\bar{X}$ が，それぞれ，正規母集団 $N(\mu_0, \sigma^2)$ から抽出した大きさ n の無作為標本 $(X_1, X_2, \cdots, X_n)$ に対しての不偏分散と標本平均であるとき，検定統計量

$$T = \frac{\sqrt{n}(\bar{X} - \mu_0)}{\sqrt{U^2}}$$

は自由度 $n-1$ の t 分布に従う.

　帰無仮説 $H_0 : \mu = \mu_0$

　対立仮説 $H_1 : \mu > \mu_0$ （右側検定）

を有意水準 $\alpha = 0.05$ で右側検定する.

　$t_{n-1}(2\alpha) = t_9(0.1) = 1.833$ となり，T の実現値

$$t_0 = \frac{\sqrt{10}(360 - 340)}{20} = 3.16$$

より，$t_0 \geq t_{n-1}(2\alpha)$ となって，帰無仮説 H_0 は棄却される.

　よって，新型の飛行機は飛行距離が長いと考えることができる. □

【例 2.15】 ある大手学習塾の A 科目の試験の成績の分散は，これまでの実績では $\sigma_0^2 = 10^2$ である. 今回の模擬試験で，受験者の中から無作為抽出で選んだ $n = 10$ 人の受験生の A 科目の不偏分散は $u^2 = 9^2$ であった. 今年の受験者の分散は特に小さいといえるか.

[解] 正規母集団 $N(\mu, \sigma_0^2)$ から大きさ n の無作為標本 $(X_1, X_2, \cdots, X_n)$ を抽出し，その不偏分散を U^2 とするとき，検定統計量

$$\chi^2 = \frac{n-1}{\sigma_0^2} U^2$$

は自由度 $n-1$ のカイ二乗分布に従う.

　帰無仮説 $H_0 : \sigma^2 = \sigma_0^2 = 10^2$

　対立仮説 $H_1 : \sigma^2 < \sigma_0^2$ （左側検定）

　有意水準を $\alpha = 0.025$ として，

$$P(\chi^2 \geq \chi_{n-1}^2(1-\alpha) = \chi_9^2(0.975)) = 0.975$$

より，$(1-\alpha)$ 点は $\chi_9^2(0.975) = 2.700$ となる.

　χ^2 の実現値

$$\chi_0^2 = \frac{n-1}{\sigma_0^2} u^2 = \frac{9}{100} \times 81 = 7.290$$

より，$\chi_0^2 = 7.290 > \chi_9^2(0.975) = 2.700$ となって，χ_0^2 は棄却域外にあるので帰無仮説 H_0 は棄却されず，今年の受験者の分散は特に小さいといえない．　　　　　　　　　　　　　　　　　　　　　　　　　　　　　□

【例 2.16】　ある大手学習塾の全系列校の A 科目の試験の成績の平均点は，これまでの実績では $\mu_0 = 75$ 点である．今回の試験で，ある系列校から無作為抽出された 10 人の A 科目の成績の平均点は $\bar{x} = 80$ 点で，不偏分散は $u^2 = 9^2$ であった．この系列校の受験者の成績は全系列校の成績に比べて，良いといえるか．

[解]　U^2 と $\bar{X}$ が，それぞれ，正規母集団 $N(\mu_0, \sigma^2)$ から抽出された大きさ n の標本 $(X_1, X_2, \cdots, X_n)$ に対しての不偏分散と標本平均であるとき，統計量

$$F = \frac{(\bar{X} - \mu_0)^2}{U^2/n}$$

は自由度 $[1, n-1]$ の F 分布に従う．

　　帰無仮説 $\mathrm{H}_0 : \mu = \mu_0 = 75$
　　対立仮説 $\mathrm{H}_1 : \mu > \mu_0 = 75$（右側検定）

有意水準を $\alpha = 0.05$ とすると，α 点は

$$F_{n-1}^1(\alpha) = F_9^1(0.05) = 5.12$$

となる．

　　検定統計量 F の実現値 f_0 は

$$f_0 = \frac{(\bar{x} - \mu_0)^2}{u^2/n} = \frac{(80 - 75)^2}{81/10} = 3.086$$

となり，$f_0 = 3.086 < F_9^1(0.05) = 5.12$ となって，f_0 は棄却域外にあるので帰無仮説 H_0 は棄却されない．よって，この系列校の受験者の成績は，全系列校に比べて良いとはいえない．　　　　　　　　　　　　　　　　□

【例 2.17】　A 社の電池の平均寿命は 1180 時間，標準偏差は 90 時間である．B 社は A 社と品質が同じで価格の安い電池であるといって販売している．B 社の製品テストをするため 100 個の電池を購入して試した．その結

果，平均 1140 時間，標準偏差は 80 時間であるとわかった．B 社の主張は
正しいのかを考える．

[解] 仮説の設定

　　帰無仮説 $H_0 : \mu = 1180$

　　対立仮説 $H_1 : \mu < 1180$（左側検定）

① 自社の製品が A 社のものより優れているのに，品質が同じと主張する
　　ことはありえないから，帰無仮説 H_0 が棄却されるとすれば，B 社の
　　電池の平均寿命の方が短いという可能性しか考えられないので，$H_1 :$
　　$\mu < 1180$ とする．

② $\bar{X}$ の分布を求める．

　　　　$\bar{X}$ が A 社の母集団に属すると仮定する．平均は 1180 時間，標準偏
　　差は，

$$\sigma_{\bar{x}} = \frac{\sigma}{\sqrt{100}} = \frac{\sigma}{10}$$

③ 棄却域の設定

　　　　標準正規曲線の左すその面積が 5% になるのは $z = -1.65$ より左側
　　の部分であるから x_0 は $\mu = 1180$ より左へ $1.65 \times$ 標準偏差 だけ離れ
　　た点となるため，棄却域は $\mu - 1.65 \times \sigma_{\bar{x}}$ より $1180 - 1.65 \times 9 = 1165$
　　である．

④ 結論：標本平均 $\bar{x} = 1140$ は棄却域に落ちるから仮説は棄却される．
　　よって，電池 B の平均寿命は電池 A の平均寿命よりも短い．

[別解]

① 仮説の設定は上記説明と同様とする．

② 得られた標本平均 1140 を標準化する．

$$\bar{x} = 1140$$

$$\sigma = 90$$

$$z = \frac{\bar{x} - \mu_0}{\sigma}\sqrt{n} = \frac{1140 - 1180}{90} \times \sqrt{100}$$

$$= -4.44 < -1.65$$

よって，有意水準 5% で帰無仮説を棄却する．

③　棄却域の設定.

　　帰無仮説が正しい場合に，このような標本平均が得られる確率は非常に小さい（片側 0.05 以下）.

　　結論は上記説明と同様とする.　　　　　　　　　　　　　　　□

2.9　例の復習

●第 2.2 節

【例 2.1】　世論調査において母集団，標本は何にあたるか.

　世論調査とは，基本的な国民意識の動向や政府の重要施策に関する国民の意識を把握するために行っている統計的な方法である.

●第 2.5 節

【例 2.2】　ある大手学習塾の塾生から無作為に 100 人の塾生を抽出し，1 週あたりの学習時間を調査した. 次の度数分布表はその結果を示すものである. これらのデータを用いて (1) 平均，(2) 不偏標準偏差を求めよ.

学習時間 x_i	11	14	17	20	23	26	29	32	35	38	41	44	47	50	53
度　　数 f_i	2	1	2	1	6	7	11	12	12	17	19	9	0	0	1

●第 2.6 節

【例 2.3】

①　自由度 $n = 5$，$\alpha = 0.975$ のとき，$\chi_5^2(0.975)$ の値を数表から求めよ.

②　自由度 $n = 3$，$\chi_3^2(\alpha) = 7.814728$ のとき，α の値を数表から求めよ.

③　自由度 $n = 8$，$\chi_8^2(\alpha) = 1.500$ のとき，α はどのような範囲にあるか.

【例 2.4】

①　$n_1 = 3, n_2 = 7, \alpha = 0.05$ のとき，$F_7^3(\alpha)$ の値を数表から求めよ.

②　$n_1 = 3, n_2 = 7, \alpha = 0.01$ のとき，$F_7^3(\alpha)$ の値を数表から求めよ.

③　$n_1 = 3, n_2 = 7$ のとき，$F_7^3(\alpha) = 6.45$ に対して，α はどのような範囲にあるか.

【例 2.5】

①　$t_5(0.05)$ の値を数表から求めよ.

② $t_8(0.01)$ の値を数表から求めよ.

●第 2.7 節

【例 2.6】 ある地方の生後 10 ヶ月の子どもの身長の平均は $\mu = 68\,\text{cm}$, 分散は $\sigma^2 = 3^2$ であるという. この地方から大きさ $n = 25$ の無作為標本を抽出し, その身長の標本平均を $\bar{X}$ とするとき, $\bar{X}$ の標本分布は中心極限定理により, 平均 $\mu = 68$, 分散 $\sigma^2/n = 3^2/5^2$ の正規分布に従うと考えてよい.

標本平均(母集団平均の推定値)と母集団平均との誤差が 1 cm 以下である確率を求めよ.

【例 2.7】 確率変数 X が正規分布 $N(\mu, \sigma^2)$ に従うとき, 次の確率を求めよ.

(1) $P(\mu - \sigma \leq X \leq \mu + \sigma)$ (2) $P(\mu - 2\sigma \leq X \leq \mu + 2\sigma)$

(3) $P(\mu - 3\sigma \leq X \leq \mu + 3\sigma)$

【例 2.8】 パン工場でパンの重さを検査するために大きさ 15 の標本をとって調べたところ, 重さの平均が 15.8g, 不偏分散 u^2 が 0.3^2 であった. パン全体の平均重量に対する 95%信頼区間を求めよ.

【例 2.9】 母分散 $\sigma^2(= 11^2)$ が既知の場合の正規母集団の母平均 μ の区間推定を行う. この母集団から 100 人の学生を抽出して, 知能指数を測ったところ, 標本平均 $\bar{x} = 112$ が得られた. 母平均 μ を 95%区間推定せよ.

【例 2.10】 ある学力試験の受験者の中から, 無作為抽出で選んだ $n = 10$ 人の受験生の成績の不偏分散は $u^2 = 5.65$ であった. 全受験者の成績の母分散 σ^2 の 95%信頼区間を求めよ.

【例 2.11】 ある学力試験の受験者の中から, 無作為抽出で選んだ $n = 10$ 人の受験生の成績の標本平均 $\bar{x}$ は 55.8 点で不偏分散は $u^2 = 2.14^2$ であった. 全受験者の成績の母平均 μ の 95%信頼区間を求めよ.

●第 2.8 節

【例 2.12】 母集団比率 p の仮説検定を考える.

メンデルの法則より黄色のエンドウ豆の割合は 3/4 である. ある畑の収

穫で224個のエンドウ豆で,176個が黄色となった.メンデルの法則に反しているのではないか.

【例2.13】 寿命(時間)の母分散がそれぞれ $\sigma_1^2 = 90^2$ と $\sigma_2^2 = 80^2$ のA銘柄とB銘柄の電池から,それぞれ,大きさ100の標本をとってテストしたところ,平均寿命がそれぞれ $\bar{x_1} = 1160$ と $\bar{x_2} = 1140$ であった.2つの銘柄の間で,平均寿命に差はあるのか確かめよ.

【例2.14】 おもちゃの飛行機の平均飛行距離は340 cm,新型の飛行機10個の平均飛行距離は $x = 360$ cm,不偏分散は $u^2 = 20^2$ である.新型の飛行機の走行距離はこれまでのものよりも平均飛行距離は長いと考えてよいか.

【例2.15】 ある大手学習塾のA科目の試験の成績の分散は,これまでの実績では $\sigma_0^2 = 10^2$ である.今回の模擬試験で,受験者の中から無作為抽出で選んだ $n = 10$ 人の受験生のA科目の不偏分散は $u^2 = 9^2$ であった.今年の受験者の分散は特に小さいといえるか.

【例2.16】 ある大手学習塾の全系列校のA科目の試験の成績の平均点は,これまでの実績では $\mu_0 = 75$ 点である.今回の試験で,ある系列校から無作為抽出された10人のA科目の成績の平均点は $\bar{x} = 80$ 点で,不偏分散は $u^2 = 9^2$ であった.この系列校の受験者の成績は全系列校の成績に比べて,良いといえるか.

【例2.17】 A社の電池の平均寿命は1180時間,標準偏差は90時間である.B社はA社と品質が同じで価格の安い電池であるといって販売している.B社の製品テストをするため100個の電池を購入して試した.その結果,平均1140時間,標準偏差は80時間であるとわかった.B社の主張は正しいのかを考える.

2.10 練習問題

【練習問題2.1】 ある大手学習塾から無作為抽出された5名 (A, B, C, D, E) に対して,抜き打ちテストを行った.その結果が次の表の通りに得られた.このテストの (1) 平均,(2) 不偏分散を求めよ.

名 前	A	B	C	D	E
得 点	90点	80点	40点	60点	90点

【練習問題 2.2】

(1) $\chi_1^2(0.05)$ の値を数表から求めよ.

(2) $\chi_3^2(0.05)$ の値を数表から求めよ.

(3) $\chi_8^2(0.05)$ の値を数表から求めよ.

(4) $t_7(0.05)$ の値を数表から求めよ.

(5) $t_9(0.05)$ の値を数表から求めよ.

(6) $t_{11}(0.05)$ の値を数表から求めよ.

【練習問題 2.3】 400 人に対してそれぞれ 200 人に A と B の薬をそれぞれ投与する.効果は「あり」か「なし」で測定し,効果に差があるのか考える.効果のあった人数は A が 152 人,B が 132 人となっている.この結果から,これらの薬の効果には差がないといえるだろうか.

【練習問題 2.4】 第 2.6.1 項の (2) より,正規母集団 $N(\mu, \sigma^2)$ から抽出された大きさ n の標本 $(X_1, X_2, \cdots, X_n)$ に対して,統計量 $\chi^2 = \frac{1}{\sigma^2}\sum_{i=1}^{n}(X_i - \mu)^2$ は自由度 n のカイ二乗分布に従うことがわかっている.平均 μ が既知の場合,信頼係数 $(1-\alpha)$ で母分散 σ^2 の信頼区間を求めよ.

【練習問題 2.5】 平均 μ が 10 の正規母集団 $N(10, \sigma^2)$ から,次のような大きさ $n = 10$ の無作為標本 $x_i(i = 1, 2, \cdots, 10)$ を抽出した.信頼係数を $(1-\alpha) = 0.9$ としたときの,この標本の母分散 σ^2 の 90%信頼区間を求めよ.

標本 $x_i(i = 1, 2, \cdots, 10)$：$(12, 8, 13, 7, 9, 11, 10, 13, 12, 7)$

第3章
統計ソフトRによる統計計算

　統計計算は多量のデータを効率的に処理する必要がある．教科書において数十個のデータの統計計算方法を習得することは重要であるが，数千個以上の多量データを手計算で計算することは実用的ではない．統計計算で重要なことは，計算することではなく，統計計算を行った結果の値から何を読み取るかである．

　表計算ソフトでよく利用されている Microsoft **Excel** でも統計処理は可能であるが，Excel は有料で，しかも表計算が本来の使い方であり，統計計算に特化していない．また，統計計算に特化した統計ソフトとしては **SPSS** などがあるが，少々高価である．

　そこで，本書では統計ソフト **R** を使用する．統計ソフト R は無料で使用できる高度な統計処理が可能なソフトウェアである．本章では R の簡単な使用方法，高度な応用までを紹介するので，多量データの計算は統計ソフト R で行い，読者はその得られた結果から重要な情報を読み取る力を身に付けてほしい．

　R のインストール方法については，共立出版のホームページ

http://www.kyoritsu-pub.co.jp/bookdetail/9784320113220

にファイルがあるので，ダウンロードして，そちらを参考にしてほしい．

3.1　Rの基本的な使い方

3.1.1　Rの起動と前準備

　デスクトップに作成されている統計ソフトRのショートカット 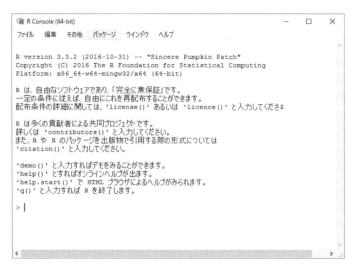 を クリックし，Rを起動する．

　図3.1が統計ソフトRの起動ウィンドウであり，**コンソールウィンドウ** ともいう．

　Rでは，作業用ディレクトリを対象にして入出力を行うので，開始時に 必ず作業用ディレクトリを設定する必要がある．

　作業用ディレクトリの設定は，図3.2に示すように，<u>**ファイル**</u> メニュー から **ディレクトリの変更...** を選択する．

　筆者の場合は，図3.3に示すように，デスクトップに "R-test" という名 前のディレクトリを作成し，その場所を指定している．**OK** ボタンを押せ ば，設定完了となる．

図 3.1　Rの起動ウィンドウ

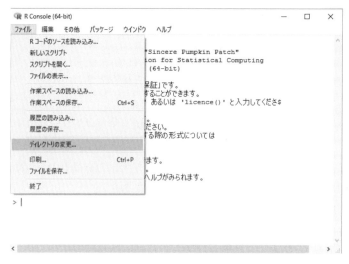

図 **3.2**　作業ディレクトリの設定 —1—

図 **3.3**　作業ディレクトリの設定 —2—

3.1.2　電卓的な使用法

　Rコンソールウィンドウの**プロンプト**（>）の後ろに式を入力する．四則演算を行ってみる．たとえば，1+1 と入力する．その後で，エンターキーを押せば，答え2がその下に表示される．答えの前に付く [1] は，ここで

は無視して構わない．いくつかの計算例を示す．なお，「#」記号から行末までは注釈と見なされる．

```
> 2+3              # 加算
[1] 5
> 10-8+3*4/3       # 10 − 8 + 3 × 4 ÷ 3
[1] 6
> 8^(1/3)          # 8 の立方根
[1] 2
> (2+5)/2          # (2 + 5) ÷ 2
[1] 3.5
> sqrt(3)          # 3 の平方根を数学関数 sqrt( ) で計算する
[1] 1.732051
```

　Rで使用する演算記号の一覧を表3.1に，代表的な数学関数を表3.2に示す．

　電卓には数個のメモリーがある．Rではこれを**変数**といい，ユーザーが自由に命名できるから，メモリーは事実上無限個存在することになる．図3.4に示す実行例では，

表 3.1 演算記号

演算記号	意　味
+	加算
−	減算
*	乗算
/	除算
^	累乗

表 3.2　代表的な数学関数

関　数	意　味	関　数	意　味	関　数	意　味
sqrt()	平方根を求める	sin()	正弦関数	sinh()	双曲正弦関数
abs()	絶対値を求める	cos()	余弦関数	cosh()	双曲余弦関数
round()	四捨五入する	tan()	正接関数	tanh()	双曲正接関数
trunc()	整数部分を求める	asin()	逆正弦関数	asinh()	逆双曲正弦関数
exp()	指数関数	acos()	逆余弦関数	acosh()	逆双曲余弦関数
log()	自然対数関数	atan()	逆正接関数	atanh()	逆双曲正接関数
log10()	常用対数関数．底が2の対数はlog2(x)と表現する	atan2()	逆正接関数（2変数）	det()	マトリクスの行列式を求める

height, weight, hmean, wmean が変数である．変数名だけを入力すれば，
その変数の内容が表示される．

```
> height=160.5+173.4+166.6+167.3+170.6+163.4+167.7+168.2
> weight=57.4+75.1+63.8+70.1+77.6+62.8+65.7+55.9
> hmean=height/8
> wmean=weight/8
> height        # 身長の合計
[1] 1337.7
> weight        # 体重の合計
[1] 528.4
> hmean         # 身長の平均
[1] 167.2125
> wmean         # 体重の平均
[1] 66.05
```

図 3.4 R の実行例

　R コンソールに直接入力する方法では，R を終了する毎にプログラム
（**スクリプト**という）が消えて不便であるし，長いスクリプトを入力する場
合も不便である．そこで，R では **R エディタ**という機能が用意されている
ので，R エディタ上にスクリプトを入力し，R エディタの **編集** メニュー内
の **すべて実行** を選択するか，R エディタで必要な個所をコピーし，R コ
ンソール上にペーストすれば，実行できる．

　まずは，R エディタの起動方法を紹介する．

　図 3.5 に示すように **ファイル** メニューで新しいスクリプトを選択すれ
ば，新しい R エディタウィンドウが開く．

　それでは，先の実行例を R エディタウィンドウに入力して，実行してみ
る．図 3.6 に R エディタ内に入力したスクリプトを示す．

　編集 メニューの中の，**すべて実行** を選択すれば，図 3.7 に示すように
直ちに実行される．今作成したスクリプトは R エディタの **ファイル** メ
ニューで，名前を付けて保存できる．ここでは "example1.R" という名前
で保存しておこう．ファイル名に "example1" と入力して **保存 (S)** ボタ
ンを押せば，拡張子に R が付いた "example1.R" として保存される．

　逆に，R エディタからスクリプトを読み込むには，**ファイル** メニューか

ら **スクリプトを開く...** を選択して，希望するスクリプトファイルを開く
ことができる．

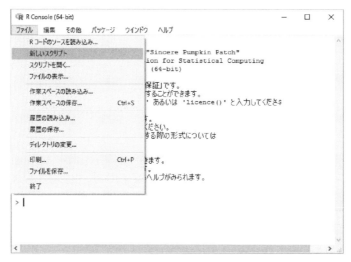

図 **3.5** Rエディタウィンドウの作成

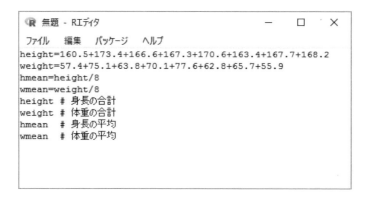

図 **3.6** スクリプトの入力

図 3.7 スクリプトの実行

3.2 Rによる基本的な統計計算

3.2.1 平均と標準偏差などの基本統計量の算出

表3.3に示した身長と体重の体格データの基本統計量を求めてみることにする.

Rにおける変数には，1個のデータを扱う**スカラー**，行あるいは列データを扱う**ベクトル**，2次元配列を扱う**マトリクス**（行列）がある.

ここでは，身長と体重を表すベクトルに height と weight という名前を付ける．ベクトル変数 height と weight に身長と体重のデータを代入し，表示するには，次のように行う．c() はベクトルを表現するための関数である.

表 3.3 体格データ

身長 (cm)	体重 (kg)
160.5	57.4
173.4	75.1
166.6	63.8
167.3	70.1
170.6	77.6
163.4	62.8
167.7	65.7
168.2	55.9
180.4	75.8
178.5	68.3

```
> height = c(160.5, 173.4, 166.6, 167.3, 170.6, 163.4,
              167.7, 168.2, 180.4, 178.5)
```

```
> weight = c(57.4, 75.1, 63.8, 70.1, 77.6, 62.8, 65.7,
             55.9, 75.8, 68.3)
> height
 [1] 160.5 173.4 166.6 167.3 170.6 163.4 167.7 168.2 180.4
[10] 178.5
> weight
[1] 57.4 75.1 63.8 70.1 77.6 62.8 65.7 55.9 75.8 68.3
```

　なお，変数名には漢字を使うことができる．漢字が使えるのは変数名だけで，その他の文字は空白文字も含めてすべて半角文字でなくてはならない．

```
> 身長 = c(160.5, 173.4, 166.6, 167.3, 170.6, 163.4, 167.7,
           168.2, 180.4, 178.5)
> 体重 = c(57.4, 75.1, 63.8, 70.1, 77.6, 62.8, 65.7, 55.9,
           75.8, 68.3)
> 身長
 [1] 160.5 173.4 166.6 167.3 170.6 163.4 167.7 168.2 180.4
[10] 178.5
> 体重
[1] 57.4 75.1 63.8 70.1 77.6 62.8 65.7 55.9 75.8 68.3
```

　ベクトルデータが揃えばいろいろな統計処理が可能となる．

```
> length(height) # 身長データの個数
[1] 10
> mean(height)   # 身長データの平均
[1] 169.66
> sd(height)     # 身長データの標準偏差
[1] 6.25712
```

　ここで，length() はデータの長さ，mean() は平均，sd() は標準偏差を

求める関数である．R に用意されているベクトル関数の主なものを表 3.4
に示す．

表 3.4 代表的なベクトル関数

関数名	意　味
cor()	2 つのベクトルデータ間の相関係数を求める
IQR()	ベクトルデータの四分位偏差を求める
length()	ベクトルデータの要素数を求める
max()	ベクトルデータの最大値を求める
min()	ベクトルデータの最小値を求める
mean()	ベクトルデータの平均を求める
median()	ベクトルデータの中央値を求める
quantile()	ベクトルデータの四分位数（最小値，中央値，最大値も含む）を求める
range()	ベクトルデータの範囲を求める
sd()	ベクトルデータの標準偏差を求める
sort()	ベクトルデータを昇順あるいは降順に整列する
sum()	ベクトルデータの総和を求める
summary()	ベクトルデータの要約統計量（最小値，第 1 四分位数，中央値，平均，第 3 四分位数，最大値）を求める
var()	ベクトルデータの不偏分散を求める

これらの関数を利用すれば，基本的な統計量を簡単に求めることが可能
である．

```
> cor(height, weight)    # 身長と体重の相関係数
[1] 0.6638972
> IQR(height)            # 身長の四分位偏差
[1] 5.925
> max(weight)            # 体重の最大値
[1] 77.6
> min(weight)            # 体重の最小値
[1] 55.9
> median(height)         # 身長の中央値
[1] 167.95
```

```
> quantile(height)        # 身長の四分位数
      0%      25%      50%      75%     100%
160.500 166.775 167.950 172.700 180.400
> range(height)           # 身長の範囲
[1] 160.5 180.4
> sort(height)            # 身長の並べ替え
 [1] 160.5 163.4 166.6 167.3 167.7 168.2 170.6 173.4 178.5
[10] 180.4
> sum(height)             # 身長の総和
[1] 1696.6
> summary(height)         # 身長の要約統計量
 Min. 1st Qu.  Median    Mean 3rd Qu.    Max.
160.5   166.8   168.0   169.7   172.7   180.4
> var(height)             # 身長の不偏分散
[1] 39.15156
```

さらに，plot(x, y) 関数を利用すれば，x と y の間の相関図を表示できる（図 3.8）.

```
> plot(height, weight)  # 身長と体重の相関図を描く
```

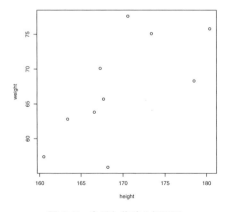

図 3.8　身長と体重の相関図

3.2.2　ファイルの入出力

　これまでの方法では数十個のデータ処理は可能である．ところが，実際のデータ処理で扱うデータは数千，数万あるいは数十万個以上のデータである．そのような場合にはファイルからデータを読み込み，処理が終わればファイルに書き出すのが普通である．

　そこで，本項では R によるファイルの入出力について述べる．

　R で読み込み可能なデータファイルを読み込むには，次の 3 つの方法がある．

① **Excel** ファイル（拡張子が xls や xlsx のファイル）を読み込む方法
② データ区切りをコンマや Tab で区切ったテキストファイル（拡張子が csv や txt のファイル）を読み込む方法
③ コピー＆ペーストで読み込む方法

　ここでは，表 3.5 に示すデータを作成することにする．表 3.5 はグラウンドゴルフにおける 10 試合分のスコアを示している．

表 3.5　グラウンドゴルフのスコア（紙幅の関係で 2 分割にしている）

Game_No	Abe	Adachi	Inoue	Uchida	Oda	Ooki	Kawai
1	44	40	39	46	34	47	35
2	40	39	43	41	40	46	45
3	35	34	44	36	41	48	42
4	37	45	40	44	48	46	41
5	43	41	38	47	32	46	44
6	32	46	41	42	39	47	38
7	44	45	34	40	41	47	40
8	40	38	43	41	49	34	45
9	44	48	46	39	42	43	38
10	35	46	40	35	36	48	37

Game_No	Kisida	Kuroda	Tanabe	Nanba	Fujii	Furuta	Morita
1	46	33	45	39	41	43	47
2	49	44	38	36	42	37	48
3	47	31	45	43	49	43	39
4	43	35	38	39	48	45	42
5	40	36	37	41	39	45	42
6	48	33	40	43	49	45	44
7	48	42	46	38	37	43	36
8	44	42	48	36	47	36	35
9	44	45	45	39	40	39	40
10	41	42	33	45	39	34	38

表3.5のデータをExcelで入力して，Rの作業用ディレクトリ内に，いろいろなファイル形式（"score.xls"，"score.csv"，"score.txt"）で保存しておく．"score.csv"はデータ区切りがコンマ（,）で，"score.txt"はデータ区切りがTabであるから，テキストエディタで入力することも，読み込むこともできる．

(1)　Excelファイルの読み込みと表示

RでExcelファイルをRに読み込むには，gdataパッケージを必要とするので，初めて実行するときは，Rコンソール上で以下のように入力して，パッケージを読み込んでおく．なお，gdataパッケージの使用には**Perl**が必要のため，事前にインストールが必要である．

```
> library(gdata)
> data = read.xls("score.xls")
> data
```

図3.9に実行結果を示す．

(2)　テキストファイルの読み込みと表示

データ区切りがコンマのcsvファイルの場合の読み込みと表示は，次のスクリプトを実行する．

```
> data1 = read.csv("score.csv")
> data1
```

また，データ区切りがTabのテキストファイルの場合の読み込みと表示は，次のスクリプトを実行する．

```
> data2 = read.delim("score.txt")
> data2
```

図3.9と同じ結果が表示される．しかし，Excelファイルの読み込みはときにエラーが発生することがあるので，できるだけcsvファイルか，txt

```
> data = read.xls("score.xls")
> data
   Game_No Abe Adachi Inoue Uchida Oda Ooki Kawai Kisida Kuroda
1        1  44     40    39     46  34   47    35     46     33
2        2  40     39    43     41  40   46    45     49     44
3        3  35     34    44     36  41   48    42     47     31
4        4  37     45    40     44  48   46    41     43     35
5        5  43     41    38     47  32   46    44     40     36
6        6  32     46    41     42  39   47    38     48     33
7        7  44     45    34     40  41   47    40     48     42
8        8  40     38    43     41  49   34    45     44     42
9        9  44     48    46     39  42   43    38     44     45
10      10  35     46    40     35  36   48    37     41     42
   Tanabe Nanba Fujii Furuta Morita
1      45    39    41     43     47
2      38    36    42     37     48
3      45    43    49     43     39
4      38    39    48     45     42
5      37    41    39     45     42
6      40    43    49     45     44
7      46    38    37     43     36
8      48    36    47     36     35
9      45    39    40     39     40
10     33    45    39     34     38
```

図 3.9　R による Excel データの読み込みと表示

ファイルでの入力をお勧めする.

　R で読み込むデータファイルは, 図 3.10 に示すような 2 次元の表の形
式で与える必要がある.

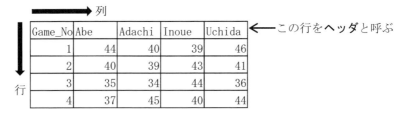

図 3.10　R のデータ形式

　もし, ヘッダのない Excel データを読み込み, 表示するには,

```
> data2 = read.delim("score1.txt", header=FALSE)
> data2
```

と入力する．ヘッダがないので "header=FALSE" と指定する．

実行結果を図 3.11 に示す．R が V1, V2,・・・とヘッダを自動的に付けてくれる．

```
> data2 = read.delim("score1.txt", header=FALSE)
> data2
   V1 V2 V3 V4 V5 V6 V7 V8 V9 V10 V11 V12 V13 V14 V15
1   1 44 40 39 46 34 47 35 46  33  45  39  41  43  47
2   2 40 39 43 41 40 46 45 49  44  38  36  42  37  48
3   3 35 34 44 36 41 48 42 47  31  45  43  49  43  39
4   4 37 45 40 44 48 46 41 43  35  38  39  48  45  42
5   5 43 41 38 47 32 46 44 40  36  37  41  39  45  42
6   6 32 46 41 42 39 47 38 48  33  40  43  49  45  44
7   7 44 45 34 40 41 47 40 48  42  46  38  37  43  36
8   8 40 38 43 41 49 34 45 44  42  48  36  47  36  35
9   9 44 48 46 39 42 43 38 44  45  45  39  40  39  40
10 10 35 46 40 35 36 48 37 41  42  33  45  39  34  38
```

図 **3.11**　ヘッダのないファイルの表示

(3)　行と列の名前の確認

データを読み込むと，そのデータは行列の形になっているので，実際のデータ処理は，そのデータの一部に対して行うことになる．すなわち，行や列を指定してデータ処理を行うのが一般的である．そのためには，行と列の名前を知る必要がある．

先のデータファイル "score.csv" の行名と列名を取り出して表示する実行例を図 3.12 に示す．

3.2.3　変量データの操作

データから，Abe さんの列データを取り出すには，次のように入力すれば，Abe さんのデータが変数 Data にベクトルデータとして取り出され，表示される．

なお，R では大文字と小文字は別物として扱われることに注意せよ．

```
> data=read.csv("score.csv")
> rownames(data)        # 行名の表示
 [1] "1"  "2"  "3"  "4"  "5"  "6"  "7"  "8"  "9"  "10"
> colnames(data)        # 列名の表示
 [1] "Game_No" "Abe"     "Adachi" "Inoue"  "Uchida" "Oda"    "Ooki"
 [8] "Kawai"   "Kisida"  "Kuroda" "Tanabe" "Nanba"  "Fujii"  "Furuta"
[15] "Morita"
```

図 **3.12** 行名と列名の取り出し

```
> data = read.csv("score.csv") # データの読み込み
> (Data=data$Abe) # Abe さんの列データの取り出しと表示
[1] 44 40 35 37 43 32 44 40 44 35
```

また,

```
>(Data=data$Abe)   # Abe さんの列データの取り出しと表示
```

は,

```
> Data=data$Abe    # Abe さんの列データの取り出し
> Data             # Abe さんの列データの表示
```

と同じ意味である. すなわち, ( )で変数を囲むことで, 取り出しと表示が同時に行われることを意味する.

　ここで, Abe さんのデータの総和, 平均, 標準偏差を求めるには, 次のように行う.

```
> sum(Data)        # Abe さんのスコアの総和の表示
[1] 394
> mean(Data)       # Abe さんのスコアの平均の表示
[1] 39.4
> sd(Data)         # Abe さんのスコアの標準偏差の表示
[1] 4.427189
```

【**実習 3.1**】 sum() 関数，mean() 関数，sd() 関数を使用して，個人毎の合計，平均，および標準偏差を計算し，表3.6を完成せよ．HIO は10試合のホールインワン数である．なお，この表ではヘッダの "**合計**"，"**平均**"，"**標準偏差**" に漢字を利用しているが，読み込みに失敗するようなら，すべて半角文字を使用してほしい．たとえば，"Total"，"Mean"，"SD" などに変更する．

表 3.6

氏名	合計	平均	標準偏差	HIO
Abe	394	39.4	4.427189	8
Adachi				5
Inoue				7
Uchida				9
Oda				7
Ooki				3
Kawai				7
Kisida				4
Kuroda				11
Tanabe				6
Nanba				8
Fujii				8
Furuta				9
Morita				8

【**実習 3.2**】 実習 3.1 で作成した表をもとに，表計算ソフトかテキストエディタでファイル "**GG データ**.csv" を作成せよ．テキストエディタで作成する場合は，データの区切りをコンマ（,）とする．

【**実習 3.3**】 実習 3.2 で作成したデータファイル "**GG データ**.csv" を変数 data に読み込み，R コンソール上に表示せよ．図 3.13 に結果を示す．

【**実習 3.4**】 実習 3.3 で読み込んだデータから，合計と HIO の列ベクトルを取り出し，合計と HIO の相関係数を求めて表示，合計と HIO の相関図を表示，および合計と HIO 間の回帰直線を表示するためのスクリプトを作成せよ．

```
> data = read.csv("GGデータ.csv")
> data
      氏名  合計  平均   標準偏差  HIO
1      Abe  394  39.4  4.271890    8
2   Adachi  422  42.2  4.467164    5
3    Inoue  408  40.8  3.425395    7
4   Uchida  411  41.1  3.900142    9
5      Oda  402  40.2  5.452828    7
6     Ooki  452  45.2  4.184628    3
7    Kawai  405  40.5  3.503966    7
8   Kisida  450  45.0  3.091206    4
9   Kuroda  383  38.3  5.207900   11
10  Tanabe  415  41.5  4.927248    6
11   Nanba  399  39.9  3.034981    8
12   Fujii  431  43.1  4.653553    8
13  Furuta  410  41.0  4.136558    9
14  Morita  411  41.1  4.357624    8
```

図 3.13　GG データの表示

　相関係数は -0.8129227 となれば正解である．相関図と回帰直線の表示
例を図 3.14 に示す．

[ヒント]　相関係数は，

cor(変数 1，変数 2)　　# 変数 1 と変数 2 の相関係数を求めて表示する

で，相関図は，

plot(変数 1，変数 2)　　# 変数 1 と変数 2 の相関図を描く

で表示できる．

　また，回帰直線を描くためには，HIO を目的変数，合計を説明変数とした線形回帰分
析を行う必要がある．回帰分析を行うには，目的変数を X，説明変数を Y として，lm(X
~Y,データ名) とする．回帰直線は，解析結果を変数 r に代入し，その後 abline() 関
数を利用して描画する．

　スクリプトを示す．

```
plot(HIO~合計,data)
r = lm(HIO~合計,data)
abline(r)
```

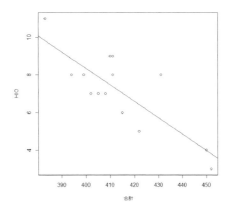

図 3.14 相関図と回帰直線の一例

　相関係数は-0.8129227であるから，ホールインワン数と合計スコアには強い負の相関があることがわかる．これは図 3.14 からも明らかである．

　グラウンドゴルフでは，ホールインワンが1回毎にスコアから3点ずつ減ずるので，ホールインワン数が多いほど有利となる規則となっている．

【実習 3.5】　実習 3.4 で作成した data から，氏名，合計，HIO の3つのベクトルデータを変数（Namae, Gokei, HIO）に読み込み，表3.7 に示すような新しい行列データ ndata を作成せよ．

［手順］　ベクトルデータ Namae, Gokei, HIO から，新しい行列データ ndata を作成するには，data.frame() 関数を使う．スクリプトは，

```
ndata = data.frame(Namae, Gokei, HIO)
```

か

表 3.7　新しい行列データ ndata

namae	gokei	hio
Abe	394	8
Adachi	422	5
Inoue	408	7
Uchida	411	9
Oda	402	7
Ooki	452	3
Kawai	405	7
Kisida	450	4
Kuroda	383	11
Tanabe	415	6
Nanba	399	8
Fujii	431	8
Furuta	410	9
Morita	411	8

```
ndata = data.frame(namae = Namae, gokei = Gokei, hio = HIO)
```

とする．実習では2つの方法で実行し，表示される結果を比較すること．

3.2.4 データフレームの保存と読み込み

R で作成したベクトルデータや行列データなどのデータフレームは，ファイルとして出力できる．ここでは，ファイルの保存と読み込みの方法について解説する．

データフレームの保存には write.table() 関数か，save() 関数を使う．

write.table() 関数では，数値は数値，文字は文字としてテキストファイルで書き出される．保存したファイルは，テキストエディタや，表計算ソフトで読み込むことができる．ただし，データの区切りは空白文字であることに注意する必要がある．

もちろん，R では read.table() 関数で読み込むことができる．

```
write.table(データフレーム名, file ="データファイル名")
                        # テキストファイルとして保存
read.table("データファイル名")  # テキストファイルの読み込み
```

一方，save() 関数ではデータフレームをバイナリファイルとして書き出されるので，テキストエディタや表計算ソフトでは読み込むことができない．そのために，バイナリデータを読み込むために，R では load() 関数が用意されている．

```
save(データフレーム名, file = "データファイル名")
                        # バイナリファイルとして保存
load("データファイル名")  # バイナリファイルの読み込み
```

【実習 3.6】 実習 3.5 で作成したデータフレーム ndata を write.table() 関数を使って，ファイル名 "newdata.txt" として保存し，次に read.table() 関数を利用してデータフレーム ndata1 に読み込み，表示せよ．

[手順] テキストエディタで "newdata.txt" を読み込み，表示した例を図 3.15 に，read.table() 関数で読み込み，表示した例を図 3.16 に示す．

図 3.16 の実行例は実習 3.5 で表示した結果と同じ形式になっていることがわかる．

　しかし，図 3.15 と図 3.16 を見比べると，明らかな違いがある．実は，`write.table()` 関数で保存したファイルは行番号やヘッダ部分，ならびに `Namae` 列が文字列となっている．この例題では特に問題にはならないが，この問題点を解消するための方法が `save()` 関数と `load()` を利用する方法である．

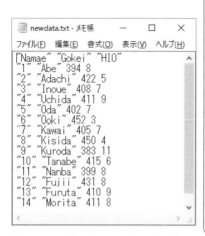

```
> ndata1 = read.table("newdata.txt")
> ndata1
   Namae Gokei HIO
1    Abe   394   8
2 Adachi   422   5
3  Inoue   408   7
4 Uchida   411   9
5    Oda   402   7
6   Ooki   452   3
7   Kawai  405   7
8  Kisida  450   4
9  Kuroda  383  11
10 Tanabe  415   6
11  Nanba  399   8
12  Fujii  431   8
13 Furuta  410   9
14 Morita  411   8
```

図 3.15 テキストエディタによる読み
込み例

図 3.16 Rによる実行例（実習 3.6）

【実習 3.7】 次の手順で実習を行え（図 3.17 参照）．

[手順 1] 実習 3.5 で作成したデータフレーム ndata を save() 関数でファイル名 "ndata.R" として保存せよ．

```
> save(ndata, file="ndata.R")
```

[手順 2] 変数 ndata にベクトルデータ (160.5, 173.4, 166.6) を代入し，ndata を表示し，ndata の内容が変わっていることを確認せよ．

```
> ndata = c(160.5, 173.4, 166.6)
> ndata
```

[**手順 3**] load() 関数で，手順 1 で保存した "ndata.R" を読み込み，ndata を表示し，もとのデータに戻っていることを確認せよ．

```
> load("ndata.R")
```

```
> save(ndata, file = "ndata.R")   # バイナリファイルとして保存
> ndata = c(160.5, 173.4, 166.6) # ndata に別のデータを代入
> ndata                           # 表示
[1] 160.5 173.4 166.6
> load("ndata.R")          # もとのバイナリデータの読み込み
> ndata                    # もとのデータを表示
     Namae Gokei HIO
1      Abe   394   8
2   Adachi   422   5
3    Inoue   408   7
4   Uchida   411   9
5      Oda   402   7
6     Ooki   452   3
7    Kawai   405   7
8   Kisida   450   4
9   Kuroda   383  11
10  Tanabe   415   6
11   Nanba   399   8
12   Fujii   431   8
13  Furuta   410   9
14  Morita   411   8
```

図 **3.17** save() 関数と load() 関数による書き込みと読み込み

[**手順 4**] 手順 1 で保存したファイル "ndata.R" をテキストエディタで読み込み表示して，意味のない文字列になっていることを確認する．

3.3 R による各種実習

本節では，各種実習を通じて，R の持つ高度な統計処理機能を修得することを目的とする．

統計計算は多量データを処理し，もとの母集団に関する結論を標本データから導き出すことである．そのため，統計学ではデータの持つ分布の形

から，種々の分布と関数を定義し，利用している．ここでは，代表的な分布とその関数を表3.8に示す．

正規分布に関する4つの関数を表3.9にまとめておく．

表 3.8 密度，累積確率，分位点を与える代表的な R 関数

正規分布	密度関数	dnorm(u値，平均，標準偏差)
	累積確率(下側確率，分布関数)	pnorm(u値，平均，標準偏差)
	下側分位点(%点)	qnorm(累積確率，平均，標準偏差)
二項分布	密度関数	dbinom(生起回数，試行回数，不良率)
	累積確率(下側確率，分布関数)	pbinom(生起回数，試行回数，不良率)
	下側分位点(%点)	qbinom(下側確率，試行回数，不良率)
ポアソン分布	密度関数	dpois(生起回数，母欠点数)
	累積確率(下側確率，分布関数)	ppois(生起回数，母欠点数)
	下側分位点(%点)	qpois(下側確率，母欠点数)
カイ二乗分布	密度関数	dchisq(カイ二乗値，自由度)
	累積確率(下側確率，分布関数)	pchisq(カイ二乗値，自由度)
	下側分位点(%点)	qchisq(累積確率，自由度)
t 分布	密度関数	dt(t値，自由度)
	累積確率(下側確率，分布関数)	pt(t値，自由度)
	下側分位点(%点)	qt(累積確率，自由度)
F 分布	密度関数	df(F値，第1自由度，第2自由度)
	累積確率(下側確率，分布関数)	pf(F値，第1自由度，第2自由度)
	下側分位点(%点)	qf(累積確率，第1自由度，第2自由度)

表 3.9 正規分布に関する R 関数

関数名	機　　能
dnorm(x)	x の密度を計算する．
pnorm(q)	$-\infty$ から q までの確率を計算する．$pnorm(q) = \int_{-\infty}^{q} dnorm(x)dx$
qnorm(p)	確率 p からその位置を計算する．分布関数 pnorm(q) の逆関数である．
rnorm(n)	n 個の正規分布に従う乱数（正規乱数）を発生する．

これらの関数は，dnorm(x, mean=μ, sd=σ), pnorm(q, mean=μ, sd=σ), qnorm(p, mean=μ, sd=σ), rnorm(n, mean=μ, sd=σ) のように平均と標準偏差を与えることができる．省略した場合は平均が0，標準偏差が1の意味になる．

dnorm() 関数，pnorm() 関数，qnorm() 関数の関係を図3.18に示す．

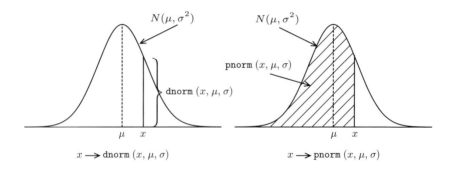

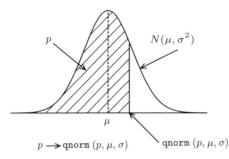

図 3.18 平均 μ,分散 σ^2 の正規分布の密度関数,分布関数,分位関数の関係

【**実習 3.8**】 表 3.10 に示す度数分布表は,ある 50 人の学級で 10 問のク
イズ大会を行った結果で,10 問中の正解数 $x_i(i = 1, 2, \cdots, 10)$ とその正
解者数 $f_i(i = 1, 2, \cdots, 10)$ のデータである.正解数の平均,分散,標準偏
差,およびヒストグラムを表示せよ.

表 3.10 クイズの正解数

x_i	1	2	3	4	5	6	7	8	9	10
f_i	1	1	3	8	14	9	7	4	2	1

[**手順 1**] 度数分布表から平均 $\bar{x}$ と標準偏差 σ は次式で計算する.

$$\bar{x} = \frac{1}{n}\sum_{i=1}^{k} x_i f_i, \quad \sigma = \sqrt{\frac{1}{n}\sum_{i=1}^{k}(x_i - \bar{x})^2 f_i}$$

次のスクリプトを実行し,表 3.11 の空欄を埋めよ.

```
x = c(1, 2, 3, 4, 5, 6, 7, 8, 9, 10) # 正解数
f = c(1, 1, 3, 8, 14, 9, 7, 4, 2, 1) # 正解者数
(n = sum(f))                          # クラスの人数と表示
xf = x * f
(xbar = (sum(xf)) / n)                # 平均の計算と表示
(sa = x - xbar)                       # 偏差の計算と表示
(sa2 = sa * sa)                       # 偏差平方の計算と表示
(sa2f = sa2 * f)                      # 偏差平方と度数の積の計算と表示
(sa2fsum = sum(sa2f))                 # 偏差平方和の計算と表示
```

そして，次のスクリプトで標準偏差を計算せよ．

```
(s2 = sa2fsum /n)                     # 分散の計算と表示
(s = sqrt(s2))                        # 標準偏差の計算と表示
```

表 3.11

x_i	f_i	$x_i - \bar{x}$	$(x_i - \bar{x})^2$	$(x_i - \bar{x})^2 f_i$
1	1			
2	1			
3	3			
4	8			
5	14			
6	9			
7	7			
8	4			
9	2			
10	1			
計	50			

[**手順 2**]　ヒストグラムを描くには種々の方法があるが，表3.10で示したような度数分布表で表されるデータに対しては，以下のスクリプトで簡単に描画可能である．実行してみよ．

表 **3.12**　男子 50 人の身長データ

165.5	168.2	182.5	170.6	171.0	183.7	173.7	159.9	164.5	166.4
179.8	172.9	173.2	170.9	165.6	184.3	174.0	154.3	175.6	166.2
161.5	168.3	161.8	164.2	165.0	156.5	176.7	171.2	160.9	180.0
173.4	167.6	177.2	177.0	176.6	175.5	174.4	169.5	167.6	167.0
164.4	168.3	159.9	187.3	179.7	161.0	166.8	166.3	176.2	169.3

```
barplot(f, main = "正解者数のヒストグラム",
    xlab = "正解数 (1,2,3,4,5,6,7,8,9,10)", ylab = "正解者数")
```

　また，度数分布表で表されるデータに対しては，棒状グラフにはならないが，plot()関数を利用して描画できる．確認してみよ．

```
plot(x, f, main = "正解者数のヒストグラム")
```

【実習 3.9】　表 3.12 に示すデータは，ある男子クラス 50 人分の身長のデータである．

[手順 1]　テキストエディタか表計算ソフトを用いて表 3.12 のデータを入力し，ファイル名を "50 人の身長データ.txt" として保存せよ．ヘッダは "Height" とすること．

[手順 2]　手順 1 で保存したファイルをデータフレーム変数 df に読み込み，最初の 6 行を表示する R のスクリプトは，

```
df = read.csv("50 人の身長データ.txt")
head(df)
```

である．実行して図 3.19 のように表示されることを確認せよ．

[手順 3]　mean()関数と sd()関数を利用して，Height の平均と標準偏差を求めて表示せよ．平均が 170.278，標準偏差が 7.40067 と表示されたら成功である．

[手順 4]　50 人分のデータのヒストグラムを描け．

　度数分布表で与えられない生データのヒストグラムを描画するには，hist()関数を利用するのが便利である．hist()関数は，

```
> df = read.csv("50人の身長データ.txt")
> head(df)
  Height
1  165.5
2  168.2
3  182.5
4  170.6
5  171.0
6  183.7
```

図 3.19　実行結果（実習 3.9）

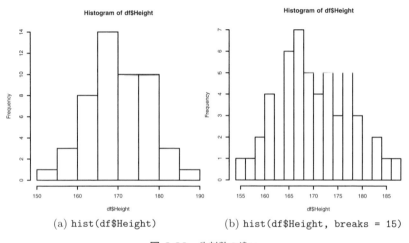

(a) hist(df$Height)　　　　　(b) hist(df$Height, breaks = 15)

図 3.20　分割数の違い

hist(データフレーム名$変数名)

あるいは

hist(変数名)

とする.

　なお, hist() 関数では, 図 3.20 のように, 引数に "breaks = **数値**" を
追加して, 分割数を指定できる.

【実習 3.10】　R には 0 から 1 の区間の正規乱数を発生させる rnorm() 関
数が用意されている. ここでは乱数を利用して統計処理のシミュレーショ

ンを経験してみる.

母平均 0, 標準偏差 1 の正規乱数を 10,000 個発生させて変数 u に代入するスクリプトは,

```
set.seed(456)          # 乱数発生の種を 456 とする
u = rnorm(10000)       # 正規乱数発生 (母平均 0, 標準偏差 1)
```

である.

なお, 種とは異なる乱数を発生させるためのもので, 同じ種なら同じ乱数が発生される.

[**手順 1**] set.seed() 関数で, 種を 123, 456, 789 と設定し, 正規乱数をそれぞれ 10,000 個発生し, 最初の 6 個の乱数を表示し, 違った乱数系列が発生できることを確認せよ. 最初の 6 個のデータ表示には head() 関数を利用する.

[**手順 2**] 手順 1 で発生した一様正規乱数系列 u を, 平均を 0, 標準偏差を 1 の標準化された乱数系列 v に変換するスクリプトは,

```
v = (u - mean(u)) / sd(u) # データの標準化(平均 0, 標準偏差 1)
```

である. 種を 456 にした場合の正規乱数 10,000 個を発生させ, 標準化された乱数系列 v に変換し, 最初の 6 個のデータと, 平均, 標準偏差を表示せよ.

[**手順 3**] 手順 2 で変換した乱数系列 v の平均は 0, 標準偏差は 1 となっていることを確認したら, 次に平均が 170, 標準偏差が 8 の乱数系列 Height に変換する.

スクリプトは,

```
Height = 8 * v + 170       # 標準偏差 8, 平均 170 に変換する
```

である.

最初の 6 個のデータと, 平均, 標準偏差を表示し, 平均が 170, 標準偏差が 8 となっていることを確認せよ.

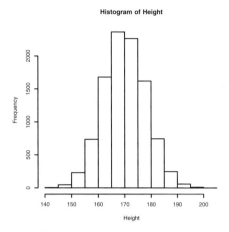

図 3.21　Height のヒストグラム

[手順 4]　手順 3 で作成した乱数系列 Height のヒストグラムを描け.図
3.21 に表示例を示す.

[手順 5]　図 3.21 で示した Height のヒストグラムは,12 本の棒グラフと
なっている.手順 4 で作成した乱数系列 Height の度数分布表を求めるこ
とにする.

　そのためには,連続変数である Height をカテゴリー化する必要がある.
カテゴリー化するには,cut() 関数を利用する.cut() 関数の使い方を次
に示す.

**変数名 = cut(変数名, breaks = 分割点のベクトル, right = FALSE,
ordered_result=TRUE, labels = 水準の意味を表す文字列ベクトル)**

　図 3.21 のグラフから,分割点は最小値 140 から最大値 200 までの間が
12 分割されているので,分割点ベクトルは (140, 145, 150, 155, 160, 165,
170, 175, 180, 185, 190, 195, 200) となる.したがって,水準の意味を
表す文字ベクトルは,("145 未満", "145 以上", "150 以上", "155 以上",
"160 以上", "165 以上", "170 以上", "175 以上", "180 以上", "185 以上",
"190 以上", "195 以上") とする.次のスクリプトを実行してみよ.

```
height=cut(Height,breaks=c(140,145,150,155,160,165,170,175,
    180,185,190,195,200),right = FALSE, ordered_result=TRUE,
    labels = c("145 未満","145 以上","150 以上","155 以上",
    "160 以上","165 以上","170 以上","175 以上","180 以上",
    "185 以上","190 以上","195 以上"))
(dosuu = table(height))    # 度数分布を求めて表示する
percent = round(dosuu * 100 / sum(dosuu), 1)
                           # 相対度数を計算する
cbind(dosuu, percent)      # ベクトルを列に束ねて表示する
```

【実習 3.11】 平均 170 (cm),標準偏差 9 (cm) の正規分布の密度関数と累積確率のグラフを描け.

[手順 1] seq() 関数を利用し,140 (cm) から 200 (cm) までのデータを 1,000 人分発生させ,変数 height に格納し,最初の 6 人分のデータを表示する次のスクリプトを実行する.

```
height =seq(140, 200, length.out = 1000)
head(height)
```

[手順 2] 次に,dnorm() 関数で密度を計算し,変数 density に格納し,最初の 6 個分の密度を表示する次のスクリプトを実行する.

```
density = dnorm(height, mean=170, sd=9)
head(density)
```

手順 1 と 2 までの実行結果を図 3.22 に示す.

[手順 3] 密度関数のグラフは plot() 関数で描く.次のスクリプトを実行する.

```
plot(height, density, xlab="身長 (cm)", ylab="密度",
        main=paste("正規分布曲線: 平均身長=170 (cm),
                標準偏差=9 (cm)"), type = "l")
```

```
> height =seq(140, 200, length.out = 1000)
> head(height)
[1] 140.0000 140.0601 140.1201 140.1802 140.2402 140.3003
> density = dnorm(height, mean=170, sd=9)
> head(density)
[1] 0.0001713643 0.0001752151 0.0001791443 0.0001831536
[5] 0.0001872442 0.0001914176
```

図 3.22 実行結果（実習 3.11）

実行結果を図 3.23 に示す．なお，plot() 関数の最後の引数 type = "l"は線種を表し，"l"は実線 (line) である l(数字の 1 ではなく小文字のエル) で指定している．

線種を指定しない次のスクリプトを実行してみよ．

```
plot(height, density, xlab="身長 (cm)", ylab="密度",
        main=paste("正規分布曲線: 平均身長=170 (cm),
                標準偏差=9 (cm)"))
```

最後に，累積確率グラフは，pnorm() 関数で累積確率を計算し，累積確率グラフを plot() 関数で描画する．次のスクリプトで確認せよ．

```
probability = pnorm(height, mean=170, sd=9)
plot(height, probability, xlab="身長 (cm)", ylab="累積確率",
        main=paste("累積確率曲線: 平均身長=170 (cm),
                標準偏差=9 (cm)"), type = "l")
```

実行結果を図 3.24 に示す．

【実習 3.12】 正規分布 $N(10, 2^2)$ において，以下の確率を求めよ．

(1) 確率変数 X が 13 未満の場合．すなわち $P(X < 13)$

(2) 確率変数 X が 7 未満の場合．すなわち $P(X < 7)$

(3) 確率変数 X が 7 より大きく，13 未満の場合．すなわち $P(7 < X < 13)$

[手順 1] (1) と (2) については次のスクリプトを実行してみよ．

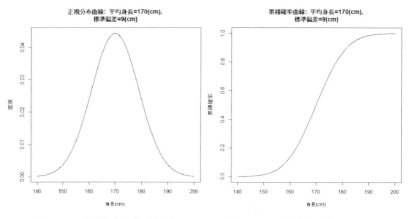

図 **3.23**　密度関数の描画結果　　図 **3.24**　累積確率曲線の描画結果

```
pnorm(13, mean = 10, sd = 2)
pnorm(7, mean = 10, sd = 2)
```

［**手順 2**］　(3) を計算するスクリプトを考えて，実行してみよ.

【**実習 3.13**】　標準正規分布 $N(0, 1^2)$ において，以下の分位点を求めよ.

(1)　下側 2% 点　　　(2)　上側 15% 点 (下側 85% 点)　　　(3)　両側 8% 点

［**手順**］　次のスクリプトを実行してみよ.

```
qnorm(0.02, mean = 0, sd = 1) #(1)
qnorm(0.85, mean = 0, sd = 1) #(2)
qnorm(0.04, mean = 0, sd = 1) #(3)
qnorm(0.96, mean = 0, sd = 1) #(3)
```

あるいは,

```
qnorm(0.02) #(1)
qnorm(0.85) #(2)
qnorm(0.04) ; qnorm(0.96) #(3)
```

【**実習 3.14**】　全国の大学 4 年生の男子学生の身長を調査する必要性が生

じたため，A大学のB研究室の男子学生10人の学生の身長を行った．表3.13にデータを示す．ただし，身長のデータは正規分布 $N(\mu, \sigma^2)$ に従っているとして，次の問題をRで解決せよ．

表 3.13 身長データ

166.0	168.9	185.0	171.6	172.2	186.4	175.1	159.6	164.8	167.0

(1) 平均身長 172 (cm) は妥当といえるか．有意水準5%で検定せよ．なお，全国20歳から24歳までの平均身長は172 (cm) である．

(2) 身長の信頼係数95%の信頼区間を求めよ．

[手順 1] 表計算ソフトかテキストエディタで，表3.13のデータを入力し，ファイル名 "**身長**.csv" で格納せよ．

ただし，ヘッダは "**身長**" とせよ．

[手順 2] 次のスクリプトで，値を確認せよ．

```
height = read.csv("身長.csv") # データの読み込み
height # データの表示
```

[手順 3] 次のスクリプト，

```
summary(height) # 基本統計量の算出と表示
```

で，基本統計量を算出し，表示してみよ．

[手順 4]

(1) 次の仮説および有意水準の設定を行う．

$$\begin{cases} \mathrm{H}_0 : \mu = \mu_0 \ (\mu_0 = 172) \\ \mathrm{H}_1 : \mu \neq \mu_0 \ (有意水準 \alpha = 0.05) \end{cases}$$

これは，棄却域を両側にとる両側検定となる．したがって，両側検定を行う t 検定スクリプトは t.test() 関数を用いて次のようになる．実行してみよ．

```
qt(0.975,9) # t₉(0.05) の算出
t.test(height, alternative = 'two.sided', mu = 172,
        conf.level = 0.95) # t 検定
```

実行結果を図 3.25 に示す．実行結果から，次のように結論できる．
t の実現値（絶対値）は $|t| = 0.12544$，自由度は 9 であり，

$$t_9(0.05) = 2.262157 > |t| = 0.12544$$

から有意水準 5% で 172 (cm) と異なるとはいえない．

```
> qt(0.975,9) # t9(0.05) の算出
[1] 2.262157
> t.test(height, alternative = 'two.sided',mu=172,conf.level=0.95)

        One Sample t-test

data:  height
t = -0.12544, df = 9, p-value = 0.9029
alternative hypothesis: true mean is not equal to 172
95 percent confidence interval:
 165.5284 177.7916
sample estimates:
mean of x
    171.66
```

図 **3.25**　実行結果（実習 3.14）

(2)　平均（点推定値）は 171.66 (cm) で，信頼係数 95% の下側信頼限界は
　　165.5284 (cm) で，上側信頼限界は 177.7916 (cm) である．

【実習 3.15】　次の実習を行え．

(1)　自由度 4 のカイ二乗分布の密度関数のグラフを描画せよ．

(2)　確率変数 X が自由度 5 のカイ二乗分布に従うとき，次の確率を求めよ．
　　①　$P(X \le 3)$　　②　$P(2 \le X \le 4)$

(3)　次の分位点を求めよ．
　　①　自由度 3 のカイ二乗分布の上側 5% 点
　　②　自由度 6 のカイ二乗分布の下側 1% 点

[手順 1]　(1) については次のスクリプトを実行してみよ.

```
x = seq(0, 18, length.out = 100)
                    # 0 以上 18 以下で 100 個のデータ列を発生させる
plot(x, dchisq(x, df = 4), xlab = "x", ylab = "密度",
    main = paste("χ2分布 : 自由度=4"), type = "l")
                    # カイ二乗分布グラフの描画
```

実行結果を図 3.26 に示す.

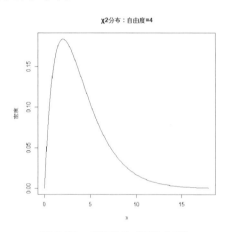

図 3.26　実行結果 (実習 3.15)

[手順 2]　確率計算は次の手順で実習を進める.
① 次のスクリプトで $P(X \leq 3)$ が計算され, 結果が表示される.

```
pchisq(3, df = 5)
```

実行結果は 0.3000142 と表示されるはずである.
② $P(2 \leq X \leq 4)$ の計算と表示は, 次のスクリプトで実現できる. 実行してみよ. 実行結果は 0.2997291 となるはずである.

```
pchisq(4, df = 5) - pchisq(2, df = 5)
```

[**手順 3**]　(3) の分位点の計算と表示は次の手順で実習を進める.

① 自由度 3 のカイ二乗分布の上側 5% 点の計算と表示のスクリプトを示す. 実行してみよ.

```
qchisq(0.05, df = 3, lower.tail = FALSE)
```

このスクリプトで "lower.tail = FALSE" は確率が $P(X \leq x)$ の場合は "TRUE" で与える. デフォルトは "TRUE" である. ここでは, $P(X > x)$ なので, "lower.tail = FALSE" で与える必要がある. 実行結果は 7.814728 となるはずである.

② 自由度 6 のカイ二乗分布の下側 1% 点の計算と表示のスクリプトを示す. 実行してみよ.

```
qchisq(0.01, df = 6)
```

【**実習 3.16**】　次の実習を行え.

(1) 自由度 4 の t 分布の密度関数のグラフを描画せよ.

(2) X が自由度 7 の t 分布に従うとき, 次の確率を求めよ.

　　① $P(X \leq 2)$　　② $P(-2 \leq X \leq 1.4)$

(3) 次の分位点を求めよ.

　　① 自由度 10 の t 分布の上側 5% 点

　　② 自由度 50 の t 分布の下側 2% 点

[**手順 1**]　(1) については次のスクリプトを実行してみよ.

```
x = seq(-7, 7, length.out = 100)
        # -7 以上 7 以下で 100 個のデータ列を発生させる
plot(x, dt(x, df = 4), xlab = "t", ylab = "密度",
  main = "t 分布:  自由度=4", type = "l")    #t 分布グラフの描画
```

実行結果を図 3.27 に示す.

[**手順 2**]　確率計算は次の手順で実習を進める.

① 次のスクリプトで $P(X \leq 2)$ が計算され, 結果が表示される.

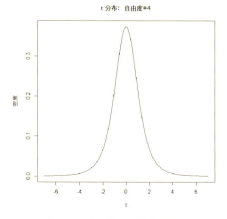

図 3.27 実行結果（実数 3.16）

```
pt(2, df = 7)
```

実行結果は 0.9571903 と表示されるはずである.

② $P(-2 \leq X \leq 1.4)$ の計算と表示は，次のスクリプトで実現できる.
実行してみよ. 実行結果は 0.8550698 となるはずである.

```
pt(1.4, df = 7) - pt(-2, df = 7)
```

[**手順3**]　(3) の分位点の計算と表示は次の手順で実習を進める.

① 自由度 10 の t 分布の上側 5%点の計算と表示のスクリプトを示す. 実
行してみよ.

```
qt(0.05, df = 10, lower.tail = FALSE)
```

実行結果は 1.812461 となるはずである.

② 自由度 50 の t 分布の下側 2%点の計算と表示のスクリプトを示す. 実
行してみよ.

```
qt(0.02, df = 50)
```

実行結果は -2.108721 となるはずである.

【実習 3.17】　次の実習を行え.

(1)　自由度 [4,8] の F 分布の密度関数のグラフを描画せよ.

(2)　X が自由度 [4,8] の F 分布に従うとき,　次の確率を求めよ.

①　$P(X \leq 2.5)$　　②　$P(3.5 \leq X \leq 7.5)$

(3)　次の分位点を求めよ.

①　自由度 [4,8] の F 分布の上側 5%点

②　自由度 [8,9] の F 分布の下側 2%点

[手順 1]　(1) については次のスクリプトを実行してみよ.

```
x = seq(0, 15, length.out = 100)
                # 0 以上 15 以下で 100 個のデータ列を発生させる
plot(x, df(x, df1 = 4, df2 = 8), xlab = "x", ylab = "密度",
    main = paste("F 分布：分子自由度=4,　分母自由度=8"),
    type ="l")                          # F 分布グラフの描画
```

実行結果を図 3.28 に示す.

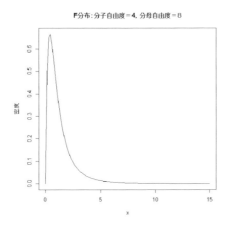

図 3.28　実行結果（実習 3.17）

[手順 2]　確率計算は次の手順で実習を進める.

①　次のスクリプトで $P(X \leq 2.5)$ が計算され,　結果が表示される.

```
pf(2.5, df1 = 4, df2 = 8)
```

実行結果は 0.8742739 と表示されるはずである.

② $P(3.5 \leq X \leq 7.5)$ の計算と表示は，次のスクリプトで実現できる．実行してみよ．実行結果は 0.0538251 となるはずである.

```
pf(7.5, df1 = 4, df2 = 8) - pf(3.5, df1 = 4, df2 = 8)
```

[**手順3**] (3) の分位点の計算と表示は次の手順で実習を進める.

① 自由度 $[4, 8]$ の F 分布の上側 5%点の計算と表示のスクリプトを示す．実行してみよ.

```
qf(0.05, df1 = 4, df2 = 8, lower.tail = FALSE)
```

実行結果は 3.837853 となるはずである.

② 自由度 $[8, 9]$ の F 分布の下側 2%点の計算と表示のスクリプトを示す．実行してみよ.

```
qf(0.02, df1 = 8, df2 = 9)
```

実行結果は 0.2125596 となるはずである.

参考文献

本書執筆にあたり各章で参考に，あるいは，引用させていただいた主な著書・論文を以下に記す.

第 1 章　確率

[1]　依田浩『技術者の統計学』(宝文館，1958)

　筆者の学生時代の教科書で，本文全 10 章，約 210 ページの内，確率は主に第 1 章に書かれており，統計は残りの第 2 章〜第 10 章に幅広く，また，項目によっては部分的にやや深く書かれている. 確率は 30 ページ余りと少ないが，主要項目が要領よく書かれており，手短に理解するのには適している.

[2]　北川敏夫，稲葉三男『基礎数学　統計学通論』(共立出版，1960)

　筆者が学生時代，副読本として稲葉三男教授から手ほどきを受けた教科書. また，筆者が非常勤講師として大学で使用した教科書でもある. 本文全 6 章，約 180 ページの内，確率は第 1 章〜第 3 章に書かれ，統計は第 4 章〜第 6 章に書かれている. 確率，統計ともに均等な配分で，かつ，入門書として書かれており，全体が初学者にとってわかりやすい構成になっている.

　本書の第 1 章の節・項の構成はこの著書の構成に負うところが多い.

第 2 章　統計

[3]　ポール G. ホーエル (著)，浅井晃，村上正康 (訳)『初等統計学』(培風館，1970)

1963 年の初版より今でも多くの大学で使われている統計学を学ぶ入門書である．あまり数式を使わずに説明されており，例題や練習問題も充実している．

[4] 高遠節夫他『確率統計』（大日本図書，2002）

確率，統計ともに基礎から分かりやすく丁寧に書かれている．

[5] 北川敏夫，稲葉三男『基礎数学　統計学通論』（共立出版，1960）

第 3 章　統計ソフト R による統計計算

[6] 奥村晴彦『R で楽しむ統計』（共立出版，2016）

R の基本的な使い方が解説してあり，R を通じて統計学を学ぶための入門書である．

[7] 長畑秀和，中川豊隆，國米充之『R コマンダーで学ぶ統計学』（共立出版，2013）

R コマンダーは R の拡張機能であるが，メニュー選択でファイルの読み込みから，計算，グラフィカル表示まで含めた出力が可能な強力なツールである．R コマンダーだけを使っていると R の本質を見失うが，R コマンダーから吐き出される，R 解析のためのスクリプトを解析することで，R の使い方がよくわかる．その意味で，筆者は重宝している参考文献の 1 つである．

[8] 長畑秀和『R で学ぶ統計学』（共立出版，2009）

本書も，フリーソフトの R を使って様々な統計手法を解説した教科書である．初心者から研究者まで必要とされる技術レベルに対応している．

[9] 青木繁伸『R による統計解析』（オーム社，2009）

R の入門書としては適当な一冊である．インストールから適当な例題を含めて，丁寧に解説してある．

[10] 西山毅「統計ソフト R の使い方」，

https://sites.google.com/site/webtextofr/home

最初に R について勉強したホームページで，インストールから簡単な統計処理について解説してある．

練習問題解答

第1章

【練習問題 1.1】 (1) $\frac{4\times4\times4}{125} = \frac{64}{125}$　　(2) $\frac{3\times5\times4}{125} = \frac{60}{125} = \frac{12}{25}$　　(3) $\frac{5\times4\times3}{125} = \frac{60}{125} = \frac{12}{25}$　　(4) $\frac{3\times4\times3}{125} / \frac{5\times4\times3}{125} = \frac{36}{60} = \frac{3}{5}$

【練習問題 1.2】 $_{93}\mathrm{C}_7 / _{100}\mathrm{C}_7$

【練習問題 1.3】 $10 \times (1/6)^4$

【練習問題 1.4】 $E[X] = 1.5, V[X] = 0.75$

【練習問題 1.5】 省略

【練習問題 1.6】 (1) 682 人　　(2) 78.4 点以上

【練習問題 1.7】 (1) 0.58　　(2) 0.92

【練習問題 1.8】 省略

第2章

【練習問題 2.1】 (1) 72　　(2) 470

【練習問題 2.2】 (1) 3.841　　(2) 7.815　　(3) 15.507　　(4) 2.365　　(5) 2.262　　(6) 2.201

【練習問題 2.3】

① 仮説設定

帰無仮説 $\mathrm{H}_0 : p_1 = p_2$

対立仮説 $\mathrm{H}_1 : p_1 \neq p_2$

② 検定統計量

標本割合と母集団割合 (推定値)

$$\hat{p}_1 = \frac{152}{200} = 0.76, \quad \hat{p}_2 = \frac{132}{200} = 0.66$$

母集団割合の推定値

$$\hat{p} = \frac{152 + 132}{200 + 200} = 0.71$$

検定統計量 (帰無仮説が正しいと仮定)

$$z = \frac{0.76 - 0.66}{\sqrt{0.71 \times 0.29 \times (\frac{1}{200} + \frac{1}{200})}} = 2.20 > 1.96$$

③ 有意水準 5%の両側検定で得られた標本割合は棄却域 $(Z > +1.96)$ に落ちる.

④ 結論：帰無仮説 H_0 は棄却される. よって，A と B の効果に差があると考えられる.

【練習問題 2.4】 信頼係数を $(1-\alpha)$ として，カイ二乗分布表から $(1-\alpha/2)$ 点 $\chi_n^2(1-\frac{\alpha}{2})$ と $\alpha/2$ 点 $\chi_n^2(\frac{\alpha}{2})$ を求める.

$$P\left(\chi^2 \geq \chi_n^2\left(1 - \frac{\alpha}{2}\right)\right) = 1 - \frac{\alpha}{2}$$

$$P\left(\chi^2 \geq \chi_n^2\left(\frac{\alpha}{2}\right)\right) = \frac{\alpha}{2}$$

$$P\left(\chi_n^2\left(1 - \frac{\alpha}{2}\right) \leq \chi^2 \leq \chi_n^2\left(\frac{\alpha}{2}\right)\right) = 1 - \alpha$$

これをもとに，次の関係式から，

$$\chi^2 = \frac{1}{\sigma^2}\sum_{i=1}^{n}(X_i - \mu)^2$$

$$P\left(\frac{\sum_{i=1}^{n}(X_i - \mu)^2}{\chi_n^2(\frac{\alpha}{2})} \leq \sigma^2 \leq \frac{\sum_{i=1}^{n}(X_i - \mu)^2}{\chi_n^2(1 - \frac{\alpha}{2})}\right) = 1 - \alpha$$

X_i を実現値 x_i で置き換えれば信頼区間が得られる.

$$\frac{\sum_{i=1}^{n}(x_i - \mu)^2}{\chi_n^2\left(\frac{\alpha}{2}\right)} \leq \sigma^2 \leq \frac{\sum_{i=1}^{n}(x_i - \mu)^2}{\chi_n^2\left(1 - \frac{\alpha}{2}\right)}$$

【練習問題 2.5】

$$\begin{aligned}
\sum_{i=1}^{10}(x_i - \mu)^2 &= (12-10)^2 + (8-10)^2 + (13-10)^2 + (7-10)^2 + (9-10)^2 \\
&\quad + (11-10)^2 + (10-10)^2 + (13-10)^2 + (12-10)^2 + (7-10)^2 \\
&= 4 + 4 + 9 + 9 + 1 + 1 + 0 + 9 + 4 + 9 = 50
\end{aligned}$$

次に，$1 - \alpha = 0.9$，$\alpha = 0.1$ よりカイ二乗分布表から $\alpha/2$ 点，$(1-\alpha/2)$ 点を求める.

$$\chi_n^2\left(\frac{\alpha}{2}\right) = \chi_{10}^2(0.05) = 18.307, \quad \chi_n^2\left(1 - \frac{\alpha}{2}\right) = \chi_{10}^2(0.95) = 3.940$$

信頼区間の公式より，

$$\frac{\sum_{i=1}^{n}(x_i - \mu)^2}{\chi_n^2\left(\frac{\alpha}{2}\right)} \leq \sigma^2 \leq \frac{\sum_{i=1}^{n}(x_i - \mu)^2}{\chi_n^2\left(1 - \frac{\alpha}{2}\right)}$$

求める信頼区間は，

$$\frac{50}{18.307} \le \sigma^2 \le \frac{50}{3.940}$$
$$2.731 \le \sigma^2 \le 12.940$$

となる.

付表 1.1　正規分布表（面積）

主な表計算ソフトである **Excel** では **NORMSDIST** 関数を用いて値を出すことが可能である.

$z_0 \to P(0 \le z \le z_0)$

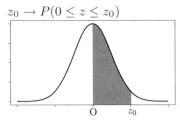

z	0.00	0.01	0.02	0.03	0.04	0.05	0.06	0.07	0.08	0.09
0.0	0.000	0.004	0.008	0.012	0.016	0.020	0.024	0.028	0.032	0.036
0.1	0.040	0.044	0.048	0.052	0.056	0.060	0.064	0.067	0.071	0.075
0.2	0.079	0.083	0.087	0.091	0.095	0.099	0.103	0.106	0.110	0.114
0.3	0.118	0.122	0.126	0.129	0.133	0.137	0.141	0.144	0.148	0.152
0.4	0.155	0.159	0.163	0.166	0.170	0.174	0.177	0.181	0.184	0.188
0.5	0.191	0.195	0.198	0.202	0.205	0.209	0.212	0.216	0.219	0.222
0.6	0.226	0.229	0.232	0.236	0.239	0.242	0.245	0.249	0.252	0.255
0.7	0.258	0.261	0.264	0.267	0.270	0.273	0.276	0.279	0.282	0.285
0.8	0.288	0.291	0.294	0.297	0.300	0.302	0.305	0.308	0.311	0.313
0.9	0.316	0.319	0.321	0.324	0.326	0.329	0.331	0.334	0.336	0.339
1.0	0.341	0.344	0.346	0.348	0.351	0.353	0.355	0.358	0.360	0.362
1.1	0.364	0.367	0.369	0.371	0.373	0.375	0.377	0.379	0.381	0.383
1.2	0.385	0.387	0.389	0.391	0.393	0.394	0.396	0.398	0.400	0.401
1.3	0.403	0.405	0.407	0.408	0.410	0.411	0.413	0.415	0.416	0.418
1.4	0.419	0.421	0.422	0.424	0.425	0.426	0.428	0.429	0.431	0.432
1.5	0.433	0.434	0.436	0.437	0.438	0.439	0.441	0.442	0.443	0.444
1.6	0.445	0.446	0.447	0.448	0.449	0.451	0.452	0.453	0.454	0.454
1.7	0.455	0.456	0.457	0.458	0.459	0.460	0.461	0.462	0.462	0.463
1.8	0.464	0.465	0.466	0.466	0.467	0.468	0.469	0.469	0.470	0.471
1.9	0.471	0.472	0.473	0.473	0.474	0.474	0.475	0.476	0.476	0.477
2.0	0.477	0.478	0.478	0.479	0.479	0.480	0.480	0.481	0.481	0.482
2.1	0.482	0.483	0.483	0.483	0.484	0.484	0.485	0.485	0.485	0.486
2.2	0.486	0.486	0.487	0.487	0.487	0.488	0.488	0.488	0.489	0.489
2.3	0.489	0.490	0.490	0.490	0.490	0.491	0.491	0.491	0.491	0.492
2.4	0.492	0.492	0.492	0.492	0.493	0.493	0.493	0.493	0.493	0.494
2.5	0.494	0.494	0.494	0.494	0.494	0.495	0.495	0.495	0.495	0.495
2.6	0.495	0.495	0.496	0.496	0.496	0.496	0.496	0.496	0.496	0.496
2.7	0.497	0.497	0.497	0.497	0.497	0.497	0.497	0.497	0.497	0.497
2.8	0.497	0.498	0.498	0.498	0.498	0.498	0.498	0.498	0.498	0.498
2.9	0.498	0.498	0.498	0.498	0.498	0.498	0.498	0.499	0.499	0.499
3.0	0.499	0.499	0.499	0.499	0.499	0.499	0.499	0.499	0.499	0.499

付表1.2　正規分布表（逆分布関数）　$P(-\infty \leq z \leq z_0) \to z_0$

主な表計算ソフトである **Excel** では **NORM.S.INV** 関数を用いて値を出すことが可能である.

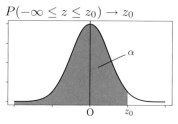

α	0.000	0.001	0.002	0.003	0.004	0.005	0.006	0.007	0.008	0.009
0.50	0.000	0.003	0.005	0.008	0.010	0.013	0.015	0.018	0.020	0.023
0.51	0.025	0.028	0.030	0.033	0.035	0.038	0.040	0.043	0.045	0.048
0.52	0.050	0.053	0.055	0.058	0.060	0.063	0.065	0.068	0.070	0.073
0.53	0.075	0.078	0.080	0.083	0.085	0.088	0.090	0.093	0.095	0.098
0.54	0.100	0.103	0.105	0.108	0.111	0.113	0.116	0.118	0.121	0.123
0.55	0.126	0.128	0.131	0.133	0.136	0.138	0.141	0.143	0.146	0.148
0.56	0.151	0.154	0.156	0.159	0.161	0.164	0.166	0.169	0.171	0.174
0.57	0.176	0.179	0.181	0.184	0.187	0.189	0.192	0.194	0.197	0.199
0.58	0.202	0.204	0.207	0.210	0.212	0.215	0.217	0.220	0.222	0.225
0.59	0.228	0.230	0.233	0.235	0.238	0.240	0.243	0.246	0.248	0.251
0.60	0.253	0.256	0.259	0.261	0.264	0.266	0.269	0.272	0.274	0.277
0.61	0.279	0.282	0.285	0.287	0.290	0.292	0.295	0.298	0.300	0.303
0.62	0.305	0.308	0.311	0.313	0.316	0.319	0.321	0.324	0.327	0.329
0.63	0.332	0.335	0.337	0.340	0.342	0.345	0.348	0.350	0.353	0.356
0.64	0.358	0.361	0.364	0.366	0.369	0.372	0.375	0.377	0.380	0.383
0.65	0.385	0.388	0.391	0.393	0.396	0.399	0.402	0.404	0.407	0.410
0.66	0.412	0.415	0.418	0.421	0.423	0.426	0.429	0.432	0.434	0.437
0.67	0.440	0.443	0.445	0.448	0.451	0.454	0.457	0.459	0.462	0.465
0.68	0.468	0.470	0.473	0.476	0.479	0.482	0.485	0.487	0.490	0.493
0.69	0.496	0.499	0.502	0.504	0.507	0.510	0.513	0.516	0.519	0.522
0.70	0.524	0.527	0.530	0.533	0.536	0.539	0.542	0.545	0.548	0.550
0.71	0.553	0.556	0.559	0.562	0.565	0.568	0.571	0.574	0.577	0.580
0.72	0.583	0.586	0.589	0.592	0.595	0.598	0.601	0.604	0.607	0.610
0.73	0.613	0.616	0.619	0.622	0.625	0.628	0.631	0.634	0.637	0.640
0.74	0.643	0.646	0.650	0.653	0.656	0.659	0.662	0.665	0.668	0.671
0.75	0.674	0.678	0.681	0.684	0.687	0.690	0.693	0.697	0.700	0.703
0.76	0.706	0.710	0.713	0.716	0.719	0.722	0.726	0.729	0.732	0.736
0.77	0.739	0.742	0.745	0.749	0.752	0.755	0.759	0.762	0.765	0.769
0.78	0.772	0.776	0.779	0.782	0.786	0.789	0.793	0.796	0.800	0.803
0.79	0.806	0.810	0.813	0.817	0.820	0.824	0.827	0.831	0.834	0.838
0.80	0.842	0.845	0.849	0.852	0.856	0.860	0.863	0.867	0.871	0.874
0.81	0.878	0.882	0.885	0.889	0.893	0.896	0.900	0.904	0.908	0.912
0.82	0.915	0.919	0.923	0.927	0.931	0.935	0.938	0.942	0.946	0.950
0.83	0.954	0.958	0.962	0.966	0.970	0.974	0.978	0.982	0.986	0.990
0.84	0.994	0.999	1.003	1.007	1.011	1.015	1.019	1.024	1.028	1.032
0.85	1.036	1.041	1.045	1.049	1.054	1.058	1.063	1.067	1.071	1.076
0.66	0.412	0.415	0.418	0.421	0.423	0.426	0.429	0.432	0.434	0.437
0.87	1.126	1.131	1.136	1.141	1.146	1.150	1.155	1.160	1.165	1.170
0.88	1.175	1.180	1.185	1.190	1.195	1.200	1.206	1.211	1.216	1.221
0.89	1.227	1.232	1.237	1.243	1.248	1.254	1.259	1.265	1.270	1.276
0.90	1.282	1.287	1.293	1.299	1.305	1.311	1.317	1.323	1.329	1.335
0.91	1.341	1.347	1.353	1.359	1.366	1.372	1.379	1.385	1.392	1.398
0.92	1.405	1.412	1.419	1.426	1.433	1.440	1.447	1.454	1.461	1.468
0.93	1.476	1.483	1.491	1.499	1.506	1.514	1.522	1.530	1.538	1.546
0.94	1.555	1.563	1.572	1.580	1.589	1.598	1.607	1.616	1.626	1.635
0.95	1.645	1.655	1.665	1.675	1.685	1.695	1.706	1.717	1.728	1.739
0.96	1.751	1.762	1.774	1.787	1.799	1.812	1.825	1.838	1.852	1.866
0.97	1.881	1.896	1.911	1.927	1.943	1.960	1.977	1.995	2.014	2.034
0.98	2.054	2.075	2.097	2.120	2.144	2.170	2.197	2.226	2.257	2.290
0.99	2.326	2.366	2.409	2.457	2.512	2.576	2.652	2.748	2.878	3.090

付表 2　カイ二乗分布表

主な表計算ソフトである **Excel** では **CHIINV** 関数を用いて値を出すことが可能である.

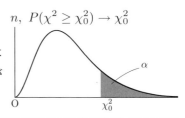

$$n,\ P(\chi^2 \geq \chi_0^2) \to \chi_0^2$$

α n	0.995	0.975	0.050	0.025	0.010	0.005
1	0.000039	0.000982	3.841459	5.023886	6.634897	7.879439
2	0.010025	0.050636	5.991465	7.377759	9.210340	10.596635
3	0.071722	0.215795	7.814728	9.348404	11.344867	12.838156
4	0.206989	0.484419	9.487729	11.143287	13.276704	14.860259
5	0.411742	0.831212	11.070498	12.832502	15.086272	16.749602
6	0.675727	1.237344	12.591587	14.449375	16.811894	18.547584
7	0.989256	1.689869	14.067140	16.012764	18.475307	20.277740
8	1.344413	2.179731	15.507313	17.534546	20.090235	21.954955
9	1.734933	2.700389	16.918978	19.022768	21.665994	23.589351
10	2.155856	3.246973	18.307038	20.483177	23.209251	25.188180
11	2.603222	3.815748	19.675138	21.920049	24.724970	26.756849
12	3.073824	4.403789	21.026070	23.336664	26.216967	28.299519
13	3.565035	5.008751	22.362032	24.735605	27.688250	29.819471
14	4.074675	5.628726	23.684791	26.118948	29.141238	31.319350
15	4.600916	6.262138	24.995790	27.488393	30.577914	32.801321
16	5.142205	6.907664	26.296228	28.845351	31.999927	34.267187
17	5.697217	7.564186	27.587112	30.191009	33.408664	35.718466
18	6.264805	8.230746	28.869299	31.526378	34.805306	37.156451
19	6.843971	8.906516	30.143527	32.852327	36.190869	38.582257
20	7.433844	9.590777	31.410433	34.169607	37.566235	39.996846
21	8.033653	10.282898	32.670573	35.478876	38.932173	41.401065
22	8.642716	10.982321	33.924438	36.780712	40.289360	42.795655
23	9.260425	11.688552	35.172462	38.075627	41.638398	44.181275
24	9.886234	12.401150	36.415029	39.364077	42.979820	45.558512
25	10.519652	13.119720	37.652484	40.646469	44.314105	46.927890
26	11.160237	13.843905	38.885139	41.923170	45.641683	48.289882
27	11.807587	14.573383	40.113272	43.194511	46.962942	49.644915
28	12.461336	15.307861	41.337138	44.460792	48.278236	50.993376
29	13.121149	16.047072	42.556968	45.722286	49.587884	52.335618
30	13.786720	16.790772	43.772972	46.979242	50.892181	53.671962
40	20.706535	24.433039	55.758479	59.341707	63.690740	66.765962
50	27.990749	32.357364	67.504807	71.420195	76.153891	79.489978
60	35.534491	40.481748	79.081944	83.297675	88.379419	91.951698
70	43.275180	48.757565	90.531225	95.023184	100.425184	104.214899
80	51.171932	57.153173	101.879474	106.628568	112.328793	116.321057
90	59.196304	65.646618	113.145270	118.135893	124.116319	128.298944
100	67.327563	74.221927	124.342113	129.561197	135.806723	140.169489

付表3.1　F 分布表（1%）

$$(n_1, n_2), P(F \geq F_0) = 0.01 \rightarrow F_0 = F_{n_2}^{n_1}(0.01)$$

主な表計算ソフトである **Excel** では
FINV 関数を用いて値を出すことが可能
である.

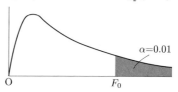

n_2 \ n_1	1	2	3	4	5	6	7	8	9	10
1	4052.18	4999.50	5403.35	5624.58	5763.65	5858.99	5928.36	5981.07	6022.47	6055.85
2	98.50	99.00	99.17	99.25	99.30	99.33	99.36	99.37	99.39	99.40
3	34.12	30.82	29.46	28.71	28.24	27.91	27.67	27.49	27.35	27.23
4	21.20	18.00	16.69	15.98	15.52	15.21	14.98	14.80	14.66	14.55
5	16.26	13.27	12.06	11.39	10.97	10.67	10.46	10.29	10.16	10.05
6	13.75	10.92	9.78	9.15	8.75	8.47	8.26	8.10	7.98	7.87
7	12.25	9.55	8.45	7.85	7.46	7.19	6.99	6.84	6.72	6.62
8	11.26	8.65	7.59	7.01	6.63	6.37	6.18	6.03	5.91	5.81
9	10.56	8.02	6.99	6.42	6.06	5.80	5.61	5.47	5.35	5.26
10	10.04	7.56	6.55	5.99	5.64	5.39	5.20	5.06	4.94	4.85
11	9.65	7.21	6.22	5.67	5.32	5.07	4.89	4.74	4.63	4.54
12	9.33	6.93	5.95	5.41	5.06	4.82	4.64	4.50	4.39	4.30
13	9.07	6.70	5.74	5.21	4.86	4.62	4.44	4.30	4.19	4.10
14	8.86	6.51	5.56	5.04	4.69	4.46	4.28	4.14	4.03	3.94
15	8.68	6.36	5.42	4.89	4.56	4.32	4.14	4.00	3.89	3.80
16	8.53	6.23	5.29	4.77	4.44	4.20	4.03	3.89	3.78	3.69
17	8.40	6.11	5.18	4.67	4.34	4.10	3.93	3.79	3.68	3.59
18	8.29	6.01	5.09	4.58	4.25	4.01	3.84	3.71	3.60	3.51
19	8.18	5.93	5.01	4.50	4.17	3.94	3.77	3.63	3.52	3.43
20	8.10	5.85	4.94	4.43	4.10	3.87	3.70	3.56	3.46	3.37
22	7.95	5.72	4.82	4.31	3.99	3.76	3.59	3.45	3.35	3.26
24	7.82	5.61	4.72	4.22	3.90	3.67	3.50	3.36	3.26	3.17
26	7.72	5.53	4.64	4.14	3.82	3.59	3.42	3.29	3.18	3.09
28	7.64	5.45	4.57	4.07	3.75	3.53	3.36	3.23	3.12	3.03
30	7.56	5.39	4.51	4.02	3.70	3.47	3.30	3.17	3.07	2.98
40	7.31	5.18	4.31	3.83	3.51	3.29	3.12	2.99	2.89	2.80
50	7.17	5.06	4.20	3.72	3.41	3.19	3.02	2.89	2.78	2.70
75	6.99	4.90	4.05	3.58	3.27	3.05	2.89	2.76	2.65	2.57
100	6.90	4.82	3.98	3.51	3.21	2.99	2.82	2.69	2.59	2.50
200	6.76	4.71	3.88	3.41	3.11	2.89	2.73	2.60	2.50	2.41
500	6.69	4.65	3.82	3.36	3.05	2.84	2.68	2.55	2.44	2.36
∞	6.63	4.61	3.78	3.32	3.02	2.80	2.64	2.51	2.41	2.32

12	14	16	20	30	40	50	75	100	200	500
6106.32	6142.67	6170.10	6208.73	6260.65	6286.78	6302.52	6323.56	6334.11	6349.97	6359.50
99.42	99.43	99.44	99.45	99.47	99.47	99.48	99.49	99.49	99.49	99.50
27.05	26.92	26.83	26.69	26.50	26.41	26.35	26.28	26.24	26.18	26.15
14.37	14.25	14.15	14.02	13.84	13.75	13.69	13.61	13.58	13.52	13.49
9.89	9.77	9.68	9.55	9.38	9.29	9.24	9.17	9.13	9.08	9.04
7.72	7.60	7.52	7.40	7.23	7.14	7.09	7.02	6.99	6.93	6.90
6.47	6.36	6.28	6.16	5.99	5.91	5.86	5.79	5.75	5.70	5.67
5.67	5.56	5.48	5.36	5.20	5.12	5.07	5.00	4.96	4.91	4.88
5.11	5.01	4.92	4.81	4.65	4.57	4.52	4.45	4.41	4.36	4.33
4.71	4.60	4.52	4.41	4.25	4.17	4.12	4.05	4.01	3.96	3.93
4.40	4.29	4.21	4.10	3.94	3.86	3.81	3.74	3.71	3.66	3.62
4.16	4.05	3.97	3.86	3.70	3.62	3.57	3.50	3.47	3.41	3.38
3.96	3.86	3.78	3.66	3.51	3.43	3.38	3.31	3.27	3.22	3.19
3.80	3.70	3.62	3.51	3.35	3.27	3.22	3.15	3.11	3.06	3.03
3.67	3.56	3.49	3.37	3.21	3.13	3.08	3.01	2.98	2.92	2.89
3.55	3.45	3.37	3.26	3.10	3.02	2.97	2.90	2.86	2.81	2.78
3.46	3.35	3.27	3.16	3.00	2.92	2.87	2.80	2.76	2.71	2.68
3.37	3.27	3.19	3.08	2.92	2.84	2.78	2.71	2.68	2.62	2.59
3.30	3.19	3.12	3.00	2.84	2.76	2.71	2.64	2.60	2.55	2.51
3.23	3.13	3.05	2.94	2.78	2.69	2.64	2.57	2.54	2.48	2.44
3.12	3.02	2.94	2.83	2.67	2.58	2.53	2.46	2.42	2.36	2.33
3.03	2.93	2.85	2.74	2.58	2.49	2.44	2.37	2.33	2.27	2.24
2.96	2.86	2.78	2.66	2.50	2.42	2.36	2.29	2.25	2.19	2.16
2.90	2.79	2.72	2.60	2.44	2.35	2.30	2.23	2.19	2.13	2.09
2.84	2.74	2.66	2.55	2.39	2.30	2.25	2.17	2.13	2.07	2.03
2.66	2.56	2.48	2.37	2.20	2.11	2.06	1.98	1.94	1.87	1.83
2.56	2.46	2.38	2.27	2.10	2.01	1.95	1.87	1.82	1.76	1.71
2.43	2.33	2.25	2.13	1.96	1.87	1.81	1.72	1.67	1.60	1.55
2.37	2.27	2.19	2.07	1.89	1.80	1.74	1.65	1.60	1.52	1.47
2.27	2.17	2.09	1.97	1.79	1.69	1.63	1.53	1.48	1.39	1.33
2.22	2.12	2.04	1.92	1.74	1.63	1.57	1.47	1.41	1.31	1.23
2.18	2.08	2.00	1.88	1.70	1.59	1.52	1.42	1.36	1.25	1.15

付表 3.2　*F* 分布表（5%）

$$(n_1, n_2), P(F \geq F_0) = 0.05 \rightarrow F_0 = F_{n_2}^{n_1}(0.05)$$

主な表計算ソフトである **Excel** では **FINV** 関数を用いて値を出すことが可能である．

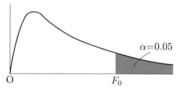

n_2 \ n_1	1	2	3	4	5	6	7	8	9	10
1	161.45	199.50	215.71	224.58	230.16	233.99	236.77	238.88	240.54	241.88
2	18.51	19.00	19.16	19.25	19.30	19.33	19.35	19.37	19.38	19.40
3	10.13	9.55	9.28	9.12	9.01	8.94	8.89	8.85	8.81	8.79
4	7.71	6.94	6.59	6.39	6.26	6.16	6.09	6.04	6.00	5.96
5	6.61	5.79	5.41	5.19	5.05	4.95	4.88	4.82	4.77	4.74
6	5.99	5.14	4.76	4.53	4.39	4.28	4.21	4.15	4.10	4.06
7	5.59	4.74	4.35	4.12	3.97	3.87	3.79	3.73	3.68	3.64
8	5.32	4.46	4.07	3.84	3.69	3.58	3.50	3.44	3.39	3.35
9	5.12	4.26	3.86	3.63	3.48	3.37	3.29	3.23	3.18	3.14
10	4.96	4.10	3.71	3.48	3.33	3.22	3.14	3.07	3.02	2.98
11	4.84	3.98	3.59	3.36	3.20	3.09	3.01	2.95	2.90	2.85
12	4.75	3.89	3.49	3.26	3.11	3.00	2.91	2.85	2.80	2.75
13	4.67	3.81	3.41	3.18	3.03	2.92	2.83	2.77	2.71	2.67
14	4.60	3.74	3.34	3.11	2.96	2.85	2.76	2.70	2.65	2.60
15	4.54	3.68	3.29	3.06	2.90	2.79	2.71	2.64	2.59	2.54
16	4.49	3.63	3.24	3.01	2.85	2.74	2.66	2.59	2.54	2.49
17	4.45	3.59	3.20	2.96	2.81	2.70	2.61	2.55	2.49	2.45
18	4.41	3.55	3.16	2.93	2.77	2.66	2.58	2.51	2.46	2.41
19	4.38	3.52	3.13	2.90	2.74	2.63	2.54	2.48	2.42	2.38
20	4.35	3.49	3.10	2.87	2.71	2.60	2.51	2.45	2.39	2.35
22	4.30	3.44	3.05	2.82	2.66	2.55	2.46	2.40	2.34	2.30
24	4.26	3.40	3.01	2.78	2.62	2.51	2.42	2.36	2.30	2.25
26	4.23	3.37	2.98	2.74	2.59	2.47	2.39	2.32	2.27	2.22
28	4.20	3.34	2.95	2.71	2.56	2.45	2.36	2.29	2.24	2.19
30	4.17	3.32	2.92	2.69	2.53	2.42	2.33	2.27	2.21	2.16
40	4.08	3.23	2.84	2.61	2.45	2.34	2.25	2.18	2.12	2.08
50	4.03	3.18	2.79	2.56	2.40	2.29	2.20	2.13	2.07	2.03
75	3.97	3.12	2.73	2.49	2.34	2.22	2.13	2.06	2.01	1.96
100	3.94	3.09	2.70	2.46	2.31	2.19	2.10	2.03	1.97	1.93
200	3.89	3.04	2.65	2.42	2.26	2.14	2.06	1.98	1.93	1.88
500	3.86	3.01	2.62	2.39	2.23	2.12	2.03	1.96	1.90	1.85
∞	3.84	3.00	2.60	2.37	2.21	2.10	2.01	1.94	1.88	1.83

12	14	16	20	30	40	50	75	100	200	500
243.91	245.36	246.46	248.01	250.10	251.14	251.77	252.62	253.04	253.68	254.06
19.41	19.42	19.43	19.45	19.46	19.47	19.48	19.48	19.49	19.49	19.49
8.74	8.71	8.69	8.66	8.62	8.59	8.58	8.56	8.55	8.54	8.53
5.91	5.87	5.84	5.80	5.75	5.72	5.70	5.68	5.66	5.65	5.64
4.68	4.64	4.60	4.56	4.50	4.46	4.44	4.42	4.41	4.39	4.37
4.00	3.96	3.92	3.87	3.81	3.77	3.75	3.73	3.71	3.69	3.68
3.57	3.53	3.49	3.44	3.38	3.34	3.32	3.29	3.27	3.25	3.24
3.28	3.24	3.20	3.15	3.08	3.04	3.02	2.99	2.97	2.95	2.94
3.07	3.03	2.99	2.94	2.86	2.83	2.80	2.77	2.76	2.73	2.72
2.91	2.86	2.83	2.77	2.70	2.66	2.64	2.60	2.59	2.56	2.55
2.79	2.74	2.70	2.65	2.57	2.53	2.51	2.47	2.46	2.43	2.42
2.69	2.64	2.60	2.54	2.47	2.43	2.40	2.37	2.35	2.32	2.31
2.60	2.55	2.51	2.46	2.38	2.34	2.31	2.28	2.26	2.23	2.22
2.53	2.48	2.44	2.39	2.31	2.27	2.24	2.21	2.19	2.16	2.14
2.48	2.42	2.38	2.33	2.25	2.20	2.18	2.14	2.12	2.10	2.08
2.42	2.37	2.33	2.28	2.19	2.15	2.12	2.09	2.07	2.04	2.02
2.38	2.33	2.29	2.23	2.15	2.10	2.08	2.04	2.02	1.99	1.97
2.34	2.29	2.25	2.19	2.11	2.06	2.04	2.00	1.98	1.95	1.93
2.31	2.26	2.21	2.16	2.07	2.03	2.00	1.96	1.94	1.91	1.89
2.28	2.22	2.18	2.12	2.04	1.99	1.97	1.93	1.91	1.88	1.86
2.23	2.17	2.13	2.07	1.98	1.94	1.91	1.87	1.85	1.82	1.80
2.18	2.13	2.09	2.03	1.94	1.89	1.86	1.82	1.80	1.77	1.75
2.15	2.09	2.05	1.99	1.90	1.85	1.82	1.78	1.76	1.73	1.71
2.12	2.06	2.02	1.96	1.87	1.82	1.79	1.75	1.73	1.69	1.67
2.09	2.04	1.99	1.93	1.84	1.79	1.76	1.72	1.70	1.66	1.64
2.00	1.95	1.90	1.84	1.74	1.69	1.66	1.61	1.59	1.55	1.53
1.95	1.89	1.85	1.78	1.69	1.63	1.60	1.55	1.52	1.48	1.46
1.88	1.83	1.78	1.71	1.61	1.55	1.52	1.47	1.44	1.39	1.36
1.85	1.79	1.75	1.68	1.57	1.52	1.48	1.42	1.39	1.34	1.31
1.80	1.74	1.69	1.62	1.52	1.46	1.41	1.35	1.32	1.26	1.22
1.77	1.71	1.66	1.59	1.48	1.42	1.38	1.31	1.28	1.21	1.16
1.75	1.69	1.64	1.57	1.46	1.39	1.35	1.28	1.24	1.17	1.11

付表4 *t* 分布表

$n,\ P(|t| \geq t_0) \to t_0$

主な表計算ソフトである **Excel** では **TINV** 関数を用いて値を出すことが可能である.

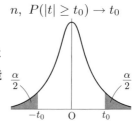

α n	0.500	0.100	0.250	0.050	0.025	0.010	0.005
1	1.000	6.314	2.414	12.706	25.452	63.657	127.321
2	0.817	2.920	1.604	4.303	6.205	9.925	14.089
3	0.765	2.353	1.423	3.182	4.177	5.841	7.453
4	0.741	2.132	1.344	2.776	3.495	4.604	5.598
5	0.727	2.015	1.301	2.571	3.163	4.032	4.773
6	0.718	1.943	1.273	2.447	2.969	3.707	4.317
7	0.711	1.895	1.254	2.365	2.841	3.499	4.029
8	0.706	1.860	1.240	2.306	3.752	3.355	3.833
9	0.703	1.833	1.230	2.262	2.685	3.250	3.690
10	0.998	1.812	1.221	2.228	2.634	3.169	3.581
11	0.697	1.796	1.214	2.201	2.593	3.106	3.497
12	0.695	1.782	1.209	2.179	2.560	3.055	3.428
13	0.694	1.771	1.204	2.160	2.533	3.012	3.372
14	0.692	1.761	1.200	2.145	2.510	2.977	3.326
15	0.691	1.753	1.197	2.131	2.490	2.947	3.286
16	0.690	1.746	1.194	2.120	2.473	2.921	3.252
17	0.689	1.740	1.191	2.110	2.458	2.898	3.222
18	0.688	1.734	1.189	2.101	2.445	2.878	3.197
19	0.688	1.729	1.187	2.093	2.433	2.861	3.174
20	0.687	1.725	1.185	2.086	2.423	2.845	3.153
21	0.686	1.721	1.183	2.080	2.414	2.831	3.135
22	0.686	1.717	1.182	2.074	2.406	2.819	3.119
23	0.685	1.714	1.180	2.069	2.398	2.807	3.104
24	0.685	1.711	1.179	2.064	2.391	2.797	3.091
25	0.684	1.708	1.178	2.060	2.385	2.787	3.078
26	0.684	1.706	1.177	2.056	2.379	2.779	3.067
27	0.684	1.703	1.176	2.052	2.373	2.771	3.057
28	0.683	1.701	1.175	2.048	2.369	2.763	3.047
29	0.683	1.699	1.174	2.045	2.364	2.756	3.038
30	0.683	1.697	1.173	2.042	2.360	2.750	3.030
40	0.681	1.684	1.167	2.021	2.329	2.704	2.971
60	0.679	1.671	1.162	2.000	2.299	2.660	2.915
120	0.67656	1.658	1.156	1.980	2.270	2.617	2.860

付表5　本書で紹介した R の関数一覧表

R の関数については，R コンソール画面から，**HELP** メニューの中の
マニュアル (PDF)，**HTML ヘルプ** 等から検索できる．

関数名	機　能	ページ
abline()	回帰直線を描く	114
abs()	絶対値を求める	101
acos()	逆余弦関数値を計算する	101
acosh()	逆双曲余弦関数値を計算する	101
asin()	逆正弦関数値を計算する	101
asinh()	逆双曲正弦関数値を計算する	101
atan()	逆正接関数値を計算する	101
atan2()	逆正接関数値を計算する（2 変数）	101
atanh()	逆双曲正接関数値を計算する	101
barplot()	棒グラフを描画する	122
c()	ベクトルを表現する	104, 105, 117, 121, 126
cbind()	ベクトルデータを束ねて表示する	126
colnames()	データフレームの列名の取り出しと表示	112
cor()	2 つのベクトルデータ間の相関係数を求める	106, 114
cos()	余弦関数値を計算する	101
cosh()	双曲余弦関数値を計算する	101
cut()	データをカテゴリー化する	125, 126
data.frame()	ベクトルデータからデータフレームを作成する	115
dbinom()	二項分布の密度を求める	119
dchisq()	カイ二乗分布の密度を求める	119, 131
det()	行列式の値を求める	101
df()	F 分布の密度を求める	119, 134
dnorm()	正規分布の密度を求める	119, 120, 126, 127
dpois()	ポアソン分布の密度を求める	119
dt()	t 分布の密度を求める	119, 132
exp()	指数関数値を計算する	101
head()	データの最初の 6 行を表示する	124, 126, 127
hist()	ヒストグラムを描画する	122, 123
IQR()	ベクトルデータの四分位偏差を求める	106
length()	ベクトルデータの長さを求める	105, 106
library()	パッケージを読み込む	109
lm()	回帰分析を行う	114
load()	バイナリーファイルを読み込む	116, 117, 118
log()	自然対数関数値を計算する	101
log10()	常用対数関数値を計算する	101
max()	ベクトルデータの最大値を求める	106
mean()	ベクトルデータの平均を求める	105, 106, 112, 122, 124
median()	ベクトルデータの中央値を求める	106
min()	ベクトルデータの最小値を求める	106

関数名	機　能	ページ
pbinom()	二項分布の累積確率を求める	119
pchisq()	カイ二乗分布の累積確率を求める	119, 131
pf()	F 分布の累積確率を求める	119, 135
plot()	点をプロットする	107, 114, 122, 126, 127, 131, 132, 134
pnorm()	正規分布の累積確率を求める	119, 120, 127, 128
ppois()	ポアソン分布の累積確率を求める	119
pt()	t 分布の累積確率を求める	119, 133
qbinom()	二項分布の下側分位点を求める	119
qchisq()	カイ二乗分布の下側分位点を求める	119, 132
qf()	F 分布の下側分位点を求める	119, 135
qnorm()	正規分布の下側分位点を求める	119, 120, 128
qpois()	ポアソン分布の下側分位点を求める	119
qt()	t 分布の下側分位点を求める	119, 130, 133
quantile()	ベクトルデータの四分位数を求める	106, 107
range()	ベクトルデータの範囲を求める	106, 107
read.csv()	データ区切りがコンマの csv ファイルの読み込む	109, 112, 114, 122, 129
read.delim()	データ区切りが Tab の txt ファイルの読み込む	109, 111
read.table()	テキストファイルを読み込む	116, 117
read.xls()	Excel ファイルを読み込む	110
rnorm()	正規乱数を発生する	119, 123, 124
round()	四捨五入する	101, 126
rownames()	データフレームの行名の取り出しと表示	112
save()	データフレームをバイナリーファイルとして保存する	116, 117
sd()	ベクトルデータの標準偏差値を求める	105, 112, 122, 124
seq()	連続データを発生する	126, 127, 131, 132, 134
set.seed()	乱数発生用の種を設定する	124
sin()	正弦関数値を計算する	101
sinh()	双曲正弦関数値を計算する	101
sort()	ベクトルデータを昇順に整列する	106, 107
sqrt()	平方根を求める	101, 121
sum()	ベクトルデータの総和を求める	106, 107, 112, 121, 126
summary()	ベクトルデータの要約統計量（最小値，第 1 四分位数，中央値，平均，第 3 四分位数，最大値）を求める	106, 107, 129
t.test()	t 検定を行う	130
table()	クロス集計と表の作成を行う	126
tan()	正接関数値を計算する	101
tanh()	双曲正接関数値を計算する	101
trunc()	整数部分を求める	101
var()	ベクトルデータの不偏分散を求める	106, 107
write.table()	データフレームをテキストファイルとして保存する	116, 117

索　引

［著者紹介］

森本義廣（もりもと よしひろ）

熊本大学大学院修了

警察庁を経て国立高等専門学校教官

現在：国立熊本電波工業高等専門学校

　　　（現国立熊本高等専門学校）名誉教授

主　書

『BASIC による数値計算入門』（啓学出版, 1983），『例題で学ぶ過渡現象』（森北出版, 1988），『わかりやすい数理計画』（日本理工出版会, 2002），『技術系物理基礎』（共著, 日新出版, 2012），『よくわかる電気・電子回路計算の基礎』（編著, 日本理工出版会, 2012），『基礎から応用までのラプラス変換・フーリエ解析』（編著, 日新出版, 2015）

黒瀬能聿（くろせ よしのぶ）

徳島大学大学院博士後期課程修了　博士（工学）

国立高等専門学校，福山大学を経て近畿大学工学部教授

2012 年定年退職

現在：㈱ディジフュージョン・ジャパン　技術顧問

主　書

『3 次元図形処理工学』（共立出版, 1999），『やさしく学べる C 言語』（監修, 森北出版, 2000），『Spice を使った電子回路設計工学』（共著, 森北出版, 2002），『新しい情報教育の理論と実践の方法』（共著, 現代教育社, 2004），『やさしく学べる Java』（監修, 森北出版, 2006），『VC++ ではじめる CG と画像処理』（共著, 森北出版, 2010 年）

加島智子（かしま ともこ）

大阪大学大学院博士後期課程修了　博士（情報科学）

現在：近畿大学工学部　講師

統計学の要点
—基礎からRの活用まで—

Gist of Statistics
— From the Base of Statistics
to the Utilization of R —

2017 年 11 月 15 日　初版 1 刷発行

著　者　森本義廣
　　　　黒瀬能聿　　ⓒ 2017
　　　　加島智子

発行者　南條光章

発行所　**共立出版株式会社**
　　　　郵便番号 112–0006
　　　　東京都文京区小日向 4-6-19
　　　　電話　（03）3947-2511（代表）
　　　　振替口座　00110-2-57035
　　　　URL http://www.kyoritsu-pub.co.jp/

印　　刷　錦明印刷
製　　本

一般社団法人
自然科学書協会
会員

検印廃止
NDC 417
ISBN 978-4-320-11322-0　　Printed in Japan